Die Lust am Fliegen

DIE LUST AM FLIEGEN

Piloten und ihr Weg ins Cockpit

Astrid Röben
Gunter Hartung
Dietmar Plath

GeraMond

Inhalt

Die Infos

Vorwort

Arbeitsplatz Cockpit – noch immer ein begehrtes Berufsziel. Und wer es bis zum Kapitän eines Airbus A380 bei der Lufthansa geschafft hat, kann sich über mangelnde Reputation und Bezahlung nicht beklagen.

Dieses Buch soll nicht nur informieren. Es will die Leserinnen und Leser hautnah teilhaben lassen an spannenden Impressionen aus der Cockpit-Perspektive. Zugleich liefert es Anregungen für jene, die sich für den Pilotenberuf interessieren und erfahren möchten, welche Chancen er eröffnet. Von den Anfängen der Luftfahrt vor mehr als 100 Jahren spannt sich der Bogen bis zu den modernen Flight-Management-Systemen der Gegenwart, die automatisches Fliegen ermöglichen. Im Mittelpunkt steht der Pilotenberuf im Wandel der Zeit; von den Pionieren in ihren zerbrechlichen, stoffbespannten Flugapparaten bis zum geräumigen Arbeitsplatz am Steuer des größten Passagierjets der Welt, dem Airbus A380. Portraitiert werden Pilotinnen und Piloten, die ihr Ziel auf unterschiedlichen Wegen erreicht haben. Das gilt inzwischen gleichermaßen für Frauen und Männer, denen wir uns heute als Passagiere bedenkenlos anvertrauen können und die ihre Aufgabe im Cockpit nach wie vor als Traumberuf ansehen.

Ist der Begriff „Traumberuf" aber inzwischen nicht nur noch eine gefühlsduselige Charakterisierung aus längst vergangener Zeit, als sich die Flugzeugführer wie „Götter über den Wolken" fühlen durften? Ausgestattet mit einem Salär, das da unten am Boden bestenfalls Staatssekretäre, Minister oder Chefärzte bezogen? Als die Crews auf der Langstrecke nach der Landung durchschnittlich drei volle Tage exklusives Strandleben und die Annehmlichkeiten der besten Hotels der Erde genießen konnten? Natürlich wissen auch die Autoren, dass dieser Luxus, diese Attraktivität des Berufes, längst der Vergangenheit angehört. Andererseits ist allen der hier portraitierten Pilotinnen und Piloten zum Schluss dieselbe Frage gestellt worden: „Wenn Sie noch einmal am Anfang des Berufslebens stehen würden, wäre Ihre Entscheidung aufgrund der Belastung und reduzierten Bezahlung heute eine andere? Würden Sie der Jugend also eher empfehlen, sich die anspruchsvolle und kostspielige Ausbildung zum Berufspiloten zu ersparen, weil die fliegerische Normalität heute keinen Lustgewinn mehr verspricht?"

Die Antworten sind einhellig: „Nein, ich würde mich wieder dazu entscheiden, Pilot zu werden!" Trotz gelegentlich strapaziöser Arbeitsbedingungen scheint also die Faszination nicht verflogen zu sein. Einige Hunderttausend zusätzliche Flugzeugführer werden in den kommenden zehn Jahren gebraucht. Auch deshalb sind die Perspektiven für Berufsanfänger recht positiv. Nach relativ kurzer Ausbildung bieten sich nach wie vor gute Aufstiegschancen. Das gilt vor allem dann, wenn die angehenden Pilotinnen und Piloten über den heimischen Horizont hinaus blicken, wenn sie flexibel den Weltmarkt und regionale Entwicklungen beobachten.

Gunter Hartung

Die Geschichte der Piloten

Von den dramatischen Anfängen zur sicheren Routine

Noch ungeschützt im offenen Cockpit: Das erste Ganzmetall-Verkehrsflugzeug Junkers F 13 war ab 1920 im Einsatz für die Gesellschaft SCADTA in Kolumbien.

Zu Beginn des 20. Jahrhunderts fehlte es noch an geeigneten Antrieben für eine motorisierte Luftfahrt. Pioniere wie die amerikanischen Brüder Orville und Wilbur Wright optimierten zunächst ihre Konstruktionen nach entsprechenden Erfahrungen mit Hanggleitern, bevor sie am 17. Dezember 1903 ihren „Flyer" mit Hilfe eines mit nur 12 PS sehr schwachen und mit 81 Kilogramm verhältnismäßig schweren Motors zum ersten Mal in die Luft zwangen. Die Wrights gelten als erste Motorflieger, wenngleich nicht wenige Luftfahrthistoriker da so ihre Zweifel haben.

Einige der Namen sind noch heute bekannt, andere längst in Vergessenheit geraten. Sie waren Tüftler und Querdenker, Visionäre, die von den meisten ihrer Zeitgenossen als Phantasten verhöhnt wurden. Unabhängig vom jeweiligen Erfolg oder Misserfolg gebührt allen Pionieren der Luftfahrt aus heutiger Sicht Respekt und Hochachtung. Sie setzten ihr Leben aufs Spiel im unnachgiebigen Bemühen, es den Vögeln gleich zu tun und die Schwerkraft zu überwinden. Sie waren Erfinder und Hasardeure zugleich, sie setzten sich ohne Vorkenntnisse und Erfahrungen zahllosen Unwägbarkeiten und Gefahren aus, die der Vorstoß in eine neue Dimension mit sich brachte.

Der Traum wird umgesetzt ...

Ikarus mag vom Fliegen geträumt haben, geschafft hat er es mit Sicherheit nicht, vom Boden abzuheben. Ob in China vor 2.000 Jahren Beobachter mit gefesselten Drachengebilden aufgestiegen sind, um aus erhabener Position den Aufmarsch des Feindes zu erkunden, ist nicht auszuschließen. Das Potenzial, die Möglichkeiten des Fliegens wenigstens theoretisch zu erdenken und zu errechnen, hatte im ausgehenden Mittelalter wohl als erster Mensch der geniale Leonardo da Vinci. Für viele jedenfalls ist und bleibt dieser Universalgelehrte mit Abstand der bedeutendste Luftfahrtpionier und Visionär der Menschheitsgeschichte. Und mit einiger Sicherheit wird er es beklagt haben, die physische Erfahrung des Fliegens nicht erleben zu dürfen. Gut 200 Jahre nach ihm, am 21. November 1783, waren der Physiker Jean-François Pilâtre de Rozier und der Offizier François d'Arlandes vermutlich die ersten Menschen, die sich einem frei schwebenden Luftfahrzeug anvertrauten: dem von den Brüdern Montgolfier erdachten und konstruierten Heißluftballon. Wir können sie heute getrost als die ersten Testpiloten bezeichnen. Andererseits waren sie und ihre Nachfolger in den anschließenden 120 Jahren keine Piloten im Sinne der längst üblichen Definition. Die Pioniere der Fraktion „Leichter als Luft", die mit Heißluft- und Gasballons sowie Luftschiffen im „dritten Weltmeer" unterwegs waren, fühlten sich der Marinetradition verpflichtet und verstehen sich bis heute als „Luftfahrer".

Als in der zweiten Hälfte des 19. Jahrhunderts Antriebe zur Verfügung standen, als das technische Zeitalter begonnen hatte, als Otto Lilienthal erfolgreich den Vogelflug analysiert und die ersten brauchbaren Tragflächenprofile erprobt hatte, wurden Perspektiven erkennbar. Er und die Brüder Wright, zahlreiche andere Pioniere wie Gustav Weißkopf und der Hannoveraner Karl Jatho zählten zu den ersten mehr oder weniger erfolgreichen Piloten und wagten sich vor in eine neue, eine beflügelte Welt, die bis um das Jahr 1900 herum ausschließlich den Vögeln zur Verfügung stand.
Abgesehen von Heißluftballons und der relativ kurzen Zeitspanne, in der Luftschiffe wenige betuchte Reisende transportierten, begann die motorisierte Passagierluftfahrt erst 1908. Es gilt als gesichert, dass damals die ersten Wagemutigen bereit waren, sich als Passagiere den noch wackeligen Konstruktionenanzuvertrauen. Deren Nachfolger ermöglichen heute den globalen Luftverkehr. Wenn man die von diffusen Flugängsten psychisch belasteten Skeptiker unberücksichtigt lässt ist allen, die Statistiken lesen und Zahlen deuten können, inzwischen bekannt, dass Flugzeuge längst zu den sichersten Verkehrsmitteln zählen. Dieses Prädikat ist den Konstrukteuren in den vergangenen Jahrzehnten zu verdanken, ihren immer neuen Erkenntnissen auf der Grundlage der Entwicklungen ihrer jeweiligen Vorgänger,aber eben auch den Piloten. Deren Qualen und Schicksale markieren die Luftfahrtgeschichte besonders in den ersten Jahren nach Wright.

Unbestritten gilt Otto Lilienthal in der Fachwelt als wohl wichtigster Luftfahrtpionier. Auf seinen Beobachtungen- und Erkenntnissen konnten seine Nachfolger aufbauen. Wie kein anderer zuvor studierte er den Vogelflug und absolvierte nach gründlichen theoretischen Berechnungen im letzten Jahrzehnt des 19. Jahrhunderts mindestens 2.000 Flüge mit seinen Gleitern, deren verschiedene Flügelprofile er stets sorgfältig vermaß und dokumentierte. Die Brüder Wright würdigten ihn später mit den Worten: „Lilienthal war der erste, der das Problem des Fliegens gelöst hatte".

... unter anderem von Lilienthal

Als Otto Lilienthal am 9. August 1896 mit seiner filigranen Konstruktion aus Draht, Baumwollstoffen und Weidenruten bei Stölln am Gollenberg aus 15 Metern Höhe abstürzte, soll er, bereits dem Tode nahe aber noch für kurze Zeit bei Bewusstsein, an seinen Bruder Gustav gewandt diese letzten Worte gesagt haben: „Kleine Opfer müssen gebracht werden." Die Betreiber des Flugplatzes Stölln/Rhinow im brandenburgischen Havelland bezeichnen das Gleitflug-Übungsgelände des Pioniers als „ältesten Flugplatz der Welt". Dem kann und soll hier nicht widersprochen werden. Die Vorgänger der heutigen Flughäfen mit ihrer ausgeklügelten Infrastruktur waren in der Mehrzahl Grasflächen und Brachgelände, die von allen Seiten angeflogen werden konnten, und häufig lagen sie im Zentrum

Noch bis weit in die Zeit der kommerziellen Luftfahrt hinein galten die Piloten der nach wie vor filigranen und zerbrechlich wirkenden Konstruktionen als Abenteurer und Hasardeure. Häufig setzten sie in den damals offenen Cockpits ihre Gesundheit aufs Spiel. Es dauerte Jahrzehnte, bis sich geschlossene Kanzeln für Piloten durchsetzen sollten.

der Städte, wie das Beispiel Berlin Tempelhof zeigt. Sie dienten zunächst der öffentlichen Unterhaltung, auch auf dem am 26. September 1909 eröffneten Aerodrom Johannisthal. National und international bekannte Pioniere bemühten sich, vor Publikum das maximal Mögliche zu demonstrieren. Wer sich länger als eine Minute in der Luft halten konnte, war damals schon preisverdächtig unterwegs.

Der Begriff „Flughafen“ wird in Deutschland seit 1917 verwendet. Als erster internationaler Airport gilt Croydon im Süden von London, und der erste rein kommerzielle Flughafen Deutschlands wurde 1922 in Königsberg, dem heute russischen Kaliningrad eröffnet.

Mut gehörte unbedingt dazu

Zehn Jahre nach den ersten Flugversuchen der Brüder Wright und anderer Pioniere wie Gustav Weißkopf und Karl Jatho zeichnete sich also ab, dass der Luftfahrt „schwerer als Luft“, also den mit Benzinmotoren und Propellern angetriebenen Flugzeugen, die Zukunft gehören würde. Doch noch immer erforderte die Beherrschung der nach wie vor wackligen und anfälligen Konstruktionen viel Wagemut und auch technisches Geschick. Wer zwei linke Hände hatte, taugte für die Aufgabe nicht.

Frühe fotografische Belege vermitteln eine Ahnung davon, wie sich das „Berufsbild“ der Piloten in Aufgabenstellung und Optik seit der Pionierzeit bis zur Gegenwart verändert hat. Damals hockten sie, Wind und Wetter ausgesetzt und bis zur Unkenntlichkeit vermummt, in offenen Cockpits im steten Bemühen, die zum Teil selbst verzapften konstruktiven Mängel ihrer nur bedingt flugtauglichen Gebilde zu ermitteln und auszugleichen. Mit den viel zu schwachen und unzuverlässigen Motoren kämpften sie stets hart am Limit und gaben auch nach Bruchlandungen nicht auf, wenn sie das Glück hatten, zu überleben. Es waren Männer, aber auch Frauen – die gesondert im folgenden Kapitel gewürdigt werden –, die nicht nur wissen mussten, wie Zündkerzen gewechselt werden. Ölverschmierte Enthusiasten, die im flotten Wechsel die Flügelflächen zu flicken oder Spanndrähte zu verzurren hatten.

Vor dem Ersten Weltkrieg galt das Pilotieren eines Flugzeugs dem einen als Mutprobe, dem anderen als technische Herausforderung auf dem Weg in die Zukunft. Manche unter den wohlhabenderen Pionieren mögen vor allem daran interessiert gewesen sein, ihren Bekanntheitsgrad zu erhöhen.

Im ersten Jahrzehnt nach Wright ging es den Piloten zunächst darum, das Flugzeug steuerbar zu machen. Als erster erfolgreicher Motorflieger gilt der Brasilianer Alberto Santos Dumont, der mit seiner Konstruktion „14-bis“ im Oktober 1906 einen gesteuerten Flug durchführte und das vom Aéro-Club de France ausgesetzte Preisgeld entgegennehmen konnte. Überhaupt waren diese Wettbewerbe für die meisten Pioniere die einzige Möglichkeit, einen Teil der Kosten wieder hereinzuholen, die das Hobby verschlang. Immer wieder kam es zu Abstürzen oder Bruchlandungen, die damals deshalb überwiegend glimpflich verliefen, weil die noch schwachen Motoren nur geringe Flugleistungen erlaubten. Geringe Höhe, geringe Geschwindigkeit, erträglicher Aufprall bei Motorversagen oder Abriss eines mangelhaft befestigten Flügels.

PILOT KNIGHT

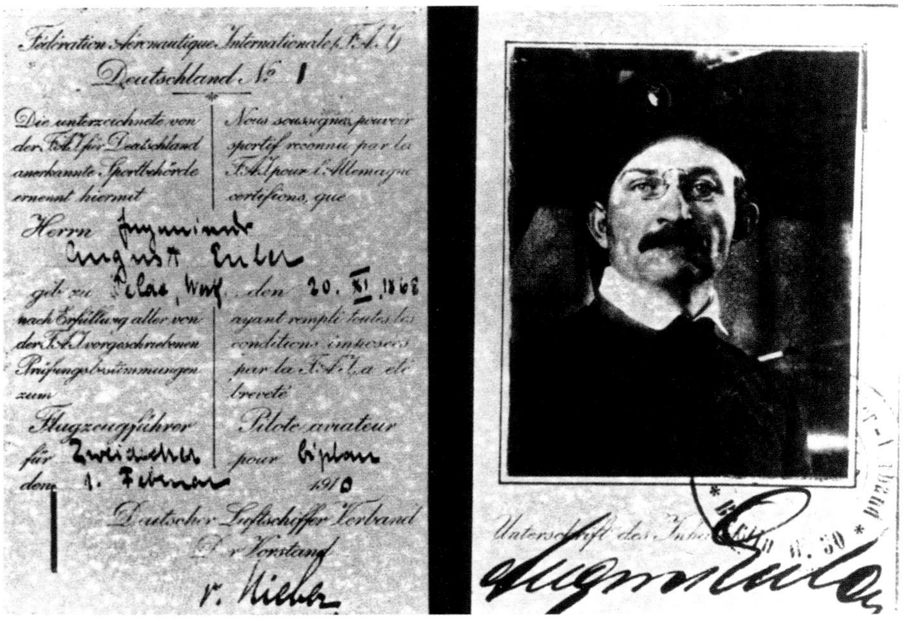

Der deutsche Flugpionier und Luftfahrtkonstrukteur August Euler war 1910 Absolvent der ersten inzwischen amtlich vorgeschriebenen und international anerkannten Pilotenausbildung. Am 1. Februar 1910 wurde ihm das Flugzeugführerpatent „Deutschland 1" ausgehändigt.

Konstruktive Mängel wurden grundsätzlich erst in der Luft vom Piloten erkannt. Wenn er das Glück hatte, das Flugzeug einigermaßen sicher zu landen, konnte in der Werkstatt entsprechend nachgearbeitet werden.

An eine kommerzielle Nutzung des Flugzeugs war noch nicht zu denken. Es war die Zeit des Dänen Jacob Christian Hansen Ellehammer, der seinen Flugapparat 1906 mit dem ersten von ihm konstruierten luftgekühlten Sternmotor ausrüstete, oder des Deutschen Hans Grade, der Ende Oktober 1909, nur einen Monat nach einem knapp überlebten Absturz, auf dem Flugplatz Johannisthal bei Berlin, einen mit stolzen 40.000 Goldmark dotierten Preis gewann. Johannisthal war der zweite deutsche Motorflugplatz. Den ersten gründete der Flugpionier August Euler Anfang 1909 westlich von Darmstadt. Euler übrigens erhielt als erster Flugzeugführer die inzwischen behördlich vorgeschriebene Fluglizenz, das „Flugzeugführerpatent Deutschland Nr. 1".

Nur zwei Jahre später war er so weitsichtig, nun doch die kommerzielle Nutzung des Flugzeugs ins Auge zu fassen. Am 10. Juni 1912 kam es zum ersten amtlichen Postflug zwischen Frankfurt und Darmstadt. Es war eine denkwürdige Zeremonie. Steif und feierlich trug ein Postbeamter den Postsack auf dem Frankfurter Flugfeld zu dem windschief anmutenden Vehikel aus Stoff, Rohrgestängen und Spanndrähten. Die von Euler konstruierte Flugmaschine Nr. 33 war, ihrer vorrangigen Aufgabe wegen, auf den Namen „Gelber Hund" getauft worden. Und Leutnant Ferdinand von Hiddessen vom 2. Großherzoglich Hessischen Leibdragonerregiment Nr. 24 startete unter dem Beifall der Anwesenden zum ersten deutschen Postflug der Geschichte. Das war zugleich die Geburtsstunde der Luftpostkarte.

Abgesehen von der militärischen Nutzung des Flugzeugs im Ersten Weltkrieg blieb der Postflug bis weit in die 1920er-Jahre hinein die einzige Erwerbsmöglichkeit für die frühen Piloten, die noch immer im offenen Cockpit unterwegs waren.

Höllenhunde: Postflieger

Am Anfang flogen sie in Europa und den USA in ehemaligen militärischen Schulflugzeugen. Himmelfahrtskommandos! Schuld des Piloten war es in den seltensten Fällen, wenn damals ein Flugzeug vom Himmel fiel. Die Auftraggeber der Piloten waren an einer Beschleunigung der Postbeförderung interessiert, wollten schneller sein als die Konkurrenz. Dafür bedurfte es wagemutiger Abenteurer, die auch nach Motorausfall oder anderen technischen Problemen nicht aufgaben, selbst dann, wenn sie einen Flug durch den nächtlichen Schneesturm und die Bruchlandung nur mit viel Glück überlebt hatten. Die Instrumentenbretter in den Cockpits waren nur sparsam bestückt. Wichtiger als der Wackelkompass, der vor der Erfindung des Kreisels den Kurs wies,

Etwa ein Jahrzehnt nach dem ersten Motorflug begann in Europa und den USA das Nachdenken über eine mögliche kommerzielle Nutzung der Flugapparate. Da die verfügbaren Konstruktionen noch immer als relativ unzuverlässig galten, war von Passagierbeförderung zunächst keine Rede. Immerhin aber konnte man ja versuchen, den risikobereiten Piloten jener Tage Postsäcke zum Transport anzuvertrauen. Abgesehen von militärischen Einsätzen im Ersten Weltkrieg bot die Postfliegerei über eine Reihe von Jahren den Piloten die einzige Möglichkeit zum Gelderwerb.

Leutnant Ferdinand von Hiddesen im Cockpit der von Euler konstruierten Flugmaschine Nr. 33, „Gelber Hund". Am 10. Juni 1912 kam es zwischen Frankfurt und Darmstadt zum ersten amtlichen Postflug in Deutschland.

war der Blick auf die Bahnlinie oder andere auffallende Linien und Markierungen am Boden. Bei allen Leistungen und Geschwindigkeitsrekorden, die einige Postflieger zu Berühmtheiten ihrer Zeit machte, sollte auch an die Opfer gedacht werden. Luftfahrthistoriker gehen davon aus, dass einige hundert dieser risikofreudigen Piloten zwischen 1919 und 1930 ihr Leben verloren haben. Laut Statistik kam es allein im Jahr 1921 bei der US-Luftpost zu 1.764 Notlandungen. Einer von ihnen war Dean Smith, einer der wenigen Piloten jener Zeit, die nicht nur die Postfliegerei sondern auch eine Flugexpedition in die Antarktis überlebt hatten. Ende August 1928 flog er mit Admiral Richard Byrd 70 Stunden über die Eiswüsten am Südpol, im Cockpit einer Ford 4-AT-B „Tri-Motor", die auf den Namen „Floyd Bennett" getauft wurde.
Zu regelmäßigen Postflügen unter deutscher Federführung kam es gegen Ende des Ersten Weltkriegs zunächst an der Ostfront in Russland und im Baltikum. Regulär wurde zivile Luftpost ab Februar 1919 zwischen Berlin-Johannisthal und Weimar befördert, ab August 1920 auch ins Ausland, nach Malmö. Zu den berühmtesten Postfliegern gehörte, neben Charles Lindbergh, der französische Schriftsteller Antoine de Saint-Exupéry.

Der erste Fluggast

Als einer der ersten Passagiere gilt der amerikanische Luftfahrtpionier und spätere General Frank P. Lahm, der sich am 9. September 1908 in Fort Myer bei Washington D.C. in eine Konstruktion der Brüder Wright zwängte, gesteuert von Orville Wright 57 Minuten in der Luft blieb und bis auf damals atemberaubende 110 Meter Höhe aufstieg. Und als sich die Europäer fünf Jahre später auf die verhängnisvolle militärische Lösung der Konflikte vorbereiteten, war es eben das „Land der unbegrenzten Möglichkeiten", indem die Geburtsstunde der kommerziellen Luftfahrt schlagen sollte.

Historischer Schauplatz St. Petersburg in Florida. Nach zahlreichen Diskussionen und hartnäckiger Überzeugungsarbeit gelang es dem Flugzeugkonstrukteur Thomas Wesley Benoist und seinem Chefpiloten, Antony Jannus, Mitstreiter für ein verrücktes Projekt zu finden. Benoist und Jannus hatten es sich in den Kopf gesetzt, mit Passagierflügen Geld zu verdienen. Unterstützt von der Handelskammer St. Petersburg unterzeichnete Thomas Benoist den ersten Fluglinienvertrag der USA, bezogen auf Tragflächenflugzeuge sogar den ersten der Welt. Geschichtsbewusst wählte man den 17. Dezember 1913 für diesen Akt. Denn genau zehn Jahre vor diesem denkwürdigen Tag waren den Wrights die ersten Luftsprünge

Die bereits fortgeschritten Konstruktionen der späteren Pionierjahre waren in der Lage, größere Höhen zu erreichen, in denen die Luft zum atmen knapp war. Da die Flugzeuge noch nicht über Druckkabinen verfügten, waren die Piloten gezwungen, unhandliche Sauerstoffgeräte im Cockpit mitzuführen.

Die frühen Flugzeuge waren „Cabriolets". Die Cockpits wurden erst nach und nach abgedeckt – sowohl zum Schutz der Piloten als auch zur Verbesserung der Aerodynamik. Die Rohrbach Metallflugzeugbau GmbH in Berlin lieferte die ersten Exemplare der dreimotorigen Typen Rohrbach VIII „Roland" 1D-999 ab 1926 zunächst noch mit offenen Cockpits an die Lufthansa. Das Flugzeug beförderte bis zu zehn Passagiere auf nationalen und internationalen Strecken.

Pilot der US-amerikanischen Gesellschaft United Airlines um 1929 (rechts).

Cockpit der Junkers W 33. Mit diesem Flugzeug gelang im April 1928 die erste Atlantiküberquerung von Ost nach West. Pilot Hermann Köhl, sein Kopilot James Fitzmaurice und als Passagier der Eigner des Flugzeugs, Ehrenfried Günther Freiherr von Hünefeld, flogen in 36,5 Stunden von Irland nach Labrador.

Benoist XIV nach dem ersten Linienflug der Geschichte am 1. Januar 1914. Das kleine, von Thomas Benoist (links) konstruierte Flugboot verkehrte regelmäßig und pünktlich nach Flugplan zwischen St. Petersburg und Tampa. Neben dem Piloten, Tony Jannus, (rechts), posiert Abram C. Pheil, Bürgermeister von Tampa und damals erster offizieller Luftfahrtpassagier der Geschichte auf einem Linienflug.

gelungen. Das von Thomas Benoist konstruierte Flugboot Benoist XIV war ein zweisitziger Doppeldecker mit einem 75 PS starken Sechs-Zylinder Reihenmotor von Roberts. Geburtsstunde der „St. Petersburg–Tampa Airboat Line". Der Plan war, täglich außer sonntags um 10 und 14 Uhr von St. Petersburg nach Tampa zu starten und jeweils um 11 und 15 Uhr den Rückflug nach St. Petersburg anzutreten. Die Strecke Petersburg – Tampa eignete sich aufgrund der geografischen Besonderheiten perfekt für den Plan der Pioniere, die Luftfahrt hoffähig zu machen. Alternativ mussten stundenlange Schiffsreisen oder Bahnfahrten ertragen werden. Am 1. Januar 1914 also startete Tony Jannus. Und natürlich saß er, wie damals üblich, im Freien, war Wind und Wetter ausgesetzt. Doch anders als seine Vorgänger konnte er sich immerhin einigermaßen auf die Funktionstüchtigkeit seiner Konstruktion verlassen.

Sein erster zahlender Passagier war der frühere Bürgermeister von Tampa, Abram C. Pheil. Die danach regelmäßigen Flüge zwischen beiden Städten dauerten 23 Minuten, das One-Way-Ticket kostete fünf US-Dollar. Bis Mai 1914 legte die Benoist XIV rund 12.000 Kilometer im Pendelverkehr zwischen St. Petersburg und Tampa zurück und beförderte 1.205 Passagiere, ohne dramatische Zwischenfälle.

Pionier USA

Das Zeitalter der Verkehrsfliegerei begann für die Piloten vermutlich auch deshalb in Amerika, weil Europa mit dem Ersten Weltkrieg beschäftigt war und alles, was fliegen konnte, ausschließlich militärisch einsetzte. Was die Jagd- und Kampfflieger in den beiden Weltkriegen geleistet haben, was ihnen zugemutet wurde, soll hier nur gestreift werden. Der Ehrgeiz der gegeneinander kämpfenden Nationen und ihrer jeweiligen Führung veranlasste die Konstrukteure zur Massenproduktion immer schnellerer und leistungsstärkerer Flugzeuge, die häufig nicht ausgereift waren und aufgrund des Zeitdrucks nicht ausreichend getestet werden konnten. Im Schnellkurs ausgebildete junge Männer, die wenige Wochen vor ihrem ersten Fronteinsatz noch nie in einem Flugzeug gesessen hatten, wurden in der Absicht, die drohende Niederlage zu vermeiden, vor allem gegen Ende des Zweiten Weltkriegs buchstäblich in den Tod getrieben. Zu den Pionieren in der Zeit zwischen den beiden Kriegen zählte Hans Bertram, der 1932 mit seiner Junkers W 33 nach Orientierungsverlust im Nirgendwo Nordwestaustraliens landete und, jenseits jeglicher Zivilisation, 50 Tage im Busch überlebte.

Zumindest indirekt waren die Deutschen an der Gründung der nach KLM zweitältesten heute noch existierenden Fluggesellschaft der Welt beteiligt. Am 5. Dezember 1919 wurde in Bogotá die SCADTA aus der Taufe gehoben, die Kolumbianisch-Deutsche Gesellschaft für Lufttransporte, die später in Avianca umbenannt wurde. Der Erstflug fand am 19. Oktober 1920 statt. Damals brachte der deutsche Pilot Hellmuth von Krohn 57 Briefe von Barranquilla nach Puerto Colombia – mit einer Junkers F 13, einem deutschen Flugzeug, das eine neue Ära markierte. Am 25. Juni 1919 hatte die wegweisende Konstruktion des vielseitigen Erfinders Hugo Junkers mit dem ehemaligen Aufklärungsflieger Emil Monz am Steuer in Dessau ihren Erstflug. Die F 13 war das erste Ganzmetall-Passagierflugzeug, dessen Stabilität vor allem der Wellblechstruktur zu verdanken war, die später auch bei der eigentlichen „Mutter aller Verkehrs- und Transportflugzeuge" Verwendung fand, der schier unverwüstlichen Junkers Ju 52.

Sichtflug entlang von Straßen und Flüssen

Was hat sich seit den Anfängen um 1920 herum geändert? Damals wurde das technisch Machbare ausgelotet, koste es, was es wolle. Und natürlich forderte das damalige Wagnis Fliegen immer wieder Opfer. So ereignete sich der erste Zusammenstoß zweier Verkehrsflugzeuge bereits 1922. Da es noch keine verbindliche Luftraumstruktur gab, auch keine luftfahrtspezifischen Karten, orientierten sich die Linienpiloten im Sichtflug am Verlauf der Straßen. Es war eine französische Farman „Goliath", die bei schlechter Sicht über dem Département Oise bei Grandvilliers in Nordfrankreich mit einer britischen De Havilland D.H. 18 kollidierte.

Charles Lindbergh, eine amerikanische Legende und Ikone, jeder kennt seinen Namen. Sein Flug von New York nach Paris am 20. und 21. Mai 1927 machte ihn zu einer der bekanntesten Figuren der Luftfahrt. Gemeinhin gilt er als der Erste, der allein den Atlantik überquerte. Es war die Zeit, in der das Flugzeug die Kinderstube verlassen hatte und immer längere Strecken möglich wurden. Anders als zu Beginn der Pionierzeit tauschten die Piloten inzwischen ihre jeweiligen Erfahrungen aus, die ersten Handbücher vermittelten die Erkenntnisse ihrer Vorgänger, die Konstrukteure nahmen die Anregungen der Piloten auf und setzten sie um. Noch 20 Jahre vor Lindbergh versuchten die ersten, die sich in die Luft trauten, als Individualisten ihr Glück. Die Kommunikationswege zu Gleichgesinnten diesseits und jenseits des Atlantiks waren nicht einfach und aus Konkurrenzgründen in der Mehrzahl wohl auch nicht gewünscht.

Einzige Orientierung lieferten die schriftlichen Aufzeichnungen Otto von Lilienthals, der mit seinen zahlreichen Berechnungen, Zeichnungen und Erkenntnissen über Flugphysik, Strömungsverhalten und Tragflächenprofile wertvolle Grundlagen hinterlassen hatte. Doch manche der frühen Pioniere der motorisierten Luftfahrt, wie z.B. Karl Jatho in Hannover, gingen als Eigenbrötler ans Werk und ignorierten die Erfahrungen, die Lilienthal mit seinen Gleitversuchen gewon-

Ende 1919 wurde in Bogotá die Kolumbianisch-Deutsche Gesellschaft für Lufttransporte, SCADTA, gegründet. Es war die erste Luftfahrtgesellschaft in Amerika und, nach der KLM, die zweite weltweit. Die SCADTA, die später in Avianca umbenannt wurde, hatte ihren Sitz im kolumbianischen Barranquilla und setzte als erste Airline auf das damals neue Ganzmetallflugzeug von Hugo Junkers, die F 13. Der offizielle Linienverkehr begann am 19. Oktober 1920 mit den per Seetransport angelieferten Flugzeugen, die auf Schwimmern standen und von der Mündung des Rio Magdalena aus regelmäßig Post und Passagiere beförderten.

War Orville Wright der erste Motorflieger der Geschichte? Offiziell ja, inoffiziell sind Zweifel angebracht. Schon vier Monate vor dem ersten Start des Wright-Flyers soll dem Hannoveraner Karl Jatho mit seiner etwas windschiefen Konstruktion ein Hüpfer gelungen sein, am 18. August 1903. Andere sind davon überzeugt, dass Gustav Weißkopf, der in die USA ausgewandert war und sich dort Whitehead nannte, bereits vier Jahre vor Wright und Jatho erfolgreich gewesen sei.

nen hatte. Ein Fehler, wie mit einem originalgetreuen Nachbau des Jatho-Dreideckers in Hannover bewiesen werden konnte. Hätte sich der menschenscheue Tüftler damals an Lilienthal orientiert und dem „Dreiflächler", wie er seine Konstruktion nannte, ein entsprechendes Flügelprofil gegönnt, wäre er 1903, vier Monate vor Orville Wright, nicht nur gehüpft.

Charles Lindbergh hatte, wie viele seiner Vorgänger und Zeitgenossen unter den frühen Piloten, einige Flugerfahrung. Er vagabundierte als Kunstflieger durchs Land, konnte sich von den Einnahmen mit der Curtiss JN-4 ein eigenes Flugzeug leisten und war ab 1925 als Postflieger auf der Strecke St. Louis – Chicago unterwegs. Als der reiche Hotelbesitzer Raimond Orteig einen Preis über 25.000 US-Dollar für den ersten Nonstopflug zwischen New York und Paris aussetzte, nahm Lindbergh mit dem Flugzeughersteller Ryan Airlines in San Diego Kontakt auf und ließ sich die dafür spezialisierte „Spirit of St. Louis" bauen. Am 20. Mai 1927 startete der Pionier kurz nach Sonnenaufgang vom Roosevelt Field in New York und landete nach 33,5 Stunden auf dem Flughafen Le Bourget. Die Ehre des ersten Atlantikfluges aber gebührt zwei heute weitgehend unbekannten Briten.

Ehre, wem Ehre gebührt

Bereits am 14. Juni 1919, knapp acht Jahre vor Lindberghs berühmtem Flug, besteigen der Pilot John Alcock und der Navigator Arthur Whitten Brown in Neufundland ihre Vickers Vimy. Das war ein englischer Doppeldecker, der gegen Ende des Ersten Weltkrieges gebaut und in wenigen Exemplaren an der Westfront als Bomber eingesetzt wurde. Der örtliche Postmeister glaubt an einen Erfolg des Unternehmens und gibt den beiden Pionieren 197 Briefe mit auf den Weg, außerplanmäßig die erste transatlantische Luftpost.

Am 14. Juni also klettern Alcock und Brown in ihren zweimotorigen Flieger. Sie tragen immerhin beheizbare Unterwäsche, um nicht in ihrem offenen Cockpit zu erfrieren. An Bord: Sandwiches und Schokolade, Malzmilch, nautische Navigationsinstrumente, ein Logbuch und der Postsack mit den Briefen. Um die Mittagszeit herum gibt Alcock Gas und schleppt das mit 3.900 Litern Sprit beladene Flugzeug beängstigend knapp über die Baumwipfel am Ende der Startbahn. Beginn eines 16-stündigen Abenteuers, das ihnen eigentlich ewigen Ruhm hätte sichern müssen. So ging es damals durch Nacht und nasse Wolken nach Osten, ohne Kontakt zu Bodenstellen, die es noch längst nicht gab. Höllischer Lärm an Bord. Irgendwann verabschiedet sich die Verkleidung des rechten Motors, die wenigen Instrumente im offenen Cockpit

Charles Lindbergh (links) 1925 vor seinem ersten eigenen Flugzeug. Mit der Curtiss JN-4 war er als Postflieger unterwegs, u.a. auf der Strecke St. Louis – Chicago. Zur Berühmtheit wurde er weltweit am 20. Mai 1927, als er mit der „Spirit of St. Louis" nonstop in 33,5 Stunden von New York nach Le Bourget nördlich von Paris flog.

Charles Lindbergh war der Erste, der den Atlantik im Alleinflug bezwang, in einem einmotorigen Flugzeug. Knapp acht Jahre vor ihm aber gelang dem Piloten John Alcock, gemeinsam mit seinem Navigator, Arthur Whitten Brown, bereits die definitiv erste Überquerung des Atlantiks, von Neufundland nach Irland. Ein dramatisches Abenteuer mit dem zweimotorigen Doppeldecker des Typs Vickers Vimy, das mit einer Bruchlandung endete.

zittern um die Wette und erschweren die Navigation.

Raus aus der Maschine!

Immer wieder vereisen die Tragflächen und Leitwerke. Das Flugzeug wird damit schwerer und schwerer und nähert sich den Wellenbergen des Atlantiks. Brown nimmt ein Klappmesser zwischen die Zähne und jongliert wie ein Seiltänzer auf der unteren Tragfläche des Doppeldeckers, hält sich an den Spannseilen fest und hackt das Eis von den Problemzonen. Der lebensgefährliche Außenbordeinsatz muss in dieser finsteren Nacht noch dreimal wiederholt werden.

Wenn Alexei Leonow diese dramatische Aktion bekannt gewesen sein sollte, wird er vermutlich 46 Jahre später daran gedacht haben. Der russische Jagdflieger, Testpilot und Kosmonaut war der erste Mensch, der im März 1965 sein Raumschiff Woschod 2 verlassen hatte und für einige Minuten frei im Weltraum schwebte. Leonow geriet in Panik, als sich sein Raumanzug aufblähte und die Rückkehr zur rettenden Kapsel erschwerte. Auch Arthur Whitten Brown hat damals seine stürmischen Einsätze bis zur Flügelspitze, fünf Meter jenseits des rettenden Cockpits, nur mit viel Glück überlebt. Abenteuer Atlantikflug, Alcock und Brown haben es fast geschafft. Nach einer qualvollen Nacht voller Ängste taucht die irische Küste aus dem Dunst auf, und eine vermeintlich zur Landung einladende grüne Wiese. Die erweist sich beim Aufsetzen als dünner Bewuchs einer Moorfläche, das Fahrwerk sackt ein, der erste Nonstopflug über den Atlantik endet mit Bruch und Kopfstand, doch Alcock und Brown verlassen das Wrack unverletzt.

Die Zeit der Pioniere reicht von Wright über Louis Blériot, der am 25. Juli 1909 als erster Pilot den Ärmelkanal überquerte, bis heute. Sie wird nie zu Ende gehen, weil der Mensch nicht aufhören wird, das Unbekannte auszuloten.Bertrand Piccard und André Borschbach haben inzwischen die Welt mit der Solar Impulse 2 im Elektroflug umrundet. Was damals mit dem simplen Kompass und der berühmten Stundenwinkeluhr des Charles Lindbergh begann, hat über die Luftfahrtcockpits im Laufe der Zeit den Weg in die Raumfahrt gefunden. Männer wie Charles Elwood „Chuck" Yeager, der 1947 mit dem Raketenflugzeug Bell X-1 als Erster im Horizontalflug die Schallmauer durchbrach, oder Neil Armstrong, der am 21. Juli 1969 die Landefähre per Hand zur Mondoberfläche steuern musste, weil das automatische System die „Eagle" zu einem ungeeigneten Landeplatz geführt hatte, waren Nutznießer der Erfahrungen und Erkenntnisse der Pioniere in den wenigen Jahrzehnten zuvor, die Schritt für Schritt in immer zuverlässigereCockpitausstattung umgesetzt wurden. Doch so wie Armstrong sind Piloten bis zum heutigen Tag vor allem dann extrem gefordert, wenn Instrumente versagen, wenn Computer ausfallen oder falsche Werte vorgaukeln.

Zwischen „Beruf" und „Berufung"

Alles begann 1909, als sich die Wrights ein kleines Stück Stoff und einen Wollfaden hatten einfallen lassen, um so die Strömung zu ermitteln und ein eventuelles Schieben im Kurvenflug zu vermeiden. Dennoch waren damals vor allem die Sinne des Piloten für das Überleben verantwortlich, die Augen, das Gehör das berühmte Gefühl in den „vier Buchstaben", das dem Fluganfänger bis heute unter einem drastischeren Begriff bekannt ist.

Zu den ersten Utensilien der Pioniere im Cockpit gehörten später Fahrtmesser, Stoppuhr, Höhenmesser und Drehzahlmesser. Heute sitzt der Pilot in seiner angenehm klimatisierten Überwachungszentrale und ist vor allem damit beschäftigt, farbige Bildschirme im Flight Deck sowie die Triebwerks- und Autopilotensteuerung zu überwachen. Doch obwohl die Systeme das Flugzeug weitgehend autonom steuern und manuell im Normalfall nur selten eingegriffen werden muss, ist der Pilot bis heute selbstverständlich verpflichtet, sein fliegerisches Handwerk zu beherrschen und seine Befähigung, in Not- und Problemfällen richtig zu handeln, im Simulator regelmäßig trainieren.

Sowohl den risikobereiten und visionären Pionieren zur Zeit der Anfänge der Luftfahrt als auch den Flugzeugführern der Gegenwart, die uns heute und in Zukunft sicher und routiniert ans Ziel bringen, ist dieses Buch gewidmet. Denn auch die Pilotinnen und Piloten, die hier stellvertretend für ihre Kolleginnen und Kollegen in aller Welt gewürdigt werden, sind in gewisser Weise noch immer Pioniere; weil sie immer wieder den sicheren Umgang mit veränderten Instrumentierungen, Vorschriften und Verfahren trainieren und beherrschen müssen. Dabei können Sie sich nicht sicher sein, ob das Fliegen ihnen Unerwartbares abverlangen wird. Und einige von ihnen erweisen in der Freizeit ihren Vorgängern am Steuerknüppel die Ehre und schaukeln mit alten Drachen wie DC-3 und Ju 52 über Stadt und Land.

Zwei Piloten der Vorkriegs-Lufthansa in den 1920er-Jahren. Noch war Muskelkraft erforderlich, um die Konstruktionen von damals zu steuern, vor allem aber angemessene Bekleidung, um Wind und Wetter zu trotzen.

Cockpit einer Boeing 377 Stratocruiser von Pan American World Airways (Pan Am). Der „Jumbo" der 1950er-Jahre verfügte über Doppeldeck und Druckkabine. Bis zu 117 Passagiere fanden Platz in dem viermotorigen Langstreckenflugzeug.

Historisches Foto aus dem Archiv von United Airlines. In den 1940er-Jahren saßen die Piloten bereits in Uniform und mit korrekt gebundener Krawatte bequem in geschlossenen Cockpits.

Unten: Gefahrlose Pilotenausbildung am Boden. Einer der ersten elektronischen Flugsimulatoren war 1954 in den USA bei United Airlines im Einsatz.

Frauen erobern die Lüfte

Der Kampf um die Gleichberechtigung im Cockpit

Blanche Stuart Scott gilt als die erste US-Amerikanerin, die ein Flugzeug flog. Das Foto entstand im Zeitraum zwischen 1910 und 1915.

Madame Aboukaia-Driancourt in einer abenteuerlichen Konstruktion des Brasilianers Alberto Santos Dumont: das Sportmotorflugzeug Nr. 20 namens „Demoiselle" (zu deutsch: Fräulein, aber auch Libelle).

Amelie Hedwig Boutard-Beese, besser bekannt unter ihrem Rufnamen Melli Beese, ging in die Geschichte ein als die erste Frau, die in Deutschland die Prüfung zum Erwerb eines Privatpilotenscheins ablegte. 1913 heiratete sie in Berlin Charles Boutard und nahm die französische Staatsbürgerschaft an.

Man muss sie suchen. Selbst heute noch, im ach so aufgeklärten 21. Jahrhundert. In nur wenigen anderen Berufen ist der Frauenanteil geringer als unter Verkehrsflugzeugführern. Aktuell beträgt er laut der jüngsten Studie der International Society of Women Airline Pilots knapp über vier Prozent. Und das ist keinesfalls ein historischer Tiefststand. Im Gegenteil.

Seit jeher gilt das Fliegen als typisch männliches Projekt. Wenn in den frühen Jahren der Luftfahrt Geschichte geschrieben wurde, dann vorrangig von Männern. Ob Otto Lilienthal, die Brüder Wright oder Charles Lindbergh: Frauen hatten es schwer, in die Phalanx dieser oftmals zu Helden verklärten Pioniere einzudringen, denn die Geschlechterrollen waren Anfang des 20. Jahrhunderts klar definiert. Mit zwei Beinen fest auf dem Küchenboden stehend, zwei Kinder an der Hand und einem weiteren unterm Herzen, ließ sich nun einmal schwerlich der Himmel erobern – um es mal überspitzt auszudrücken.

Das Fliegen in seinen frühen Tagen war der Inbegriff der technischen Revolution, des Fortschritts, quasi das Symbol der Moderne. Aber auch eine Mutprobe für besonders verwegene Haudegen, denn es stellte ob der überwiegend abenteuerlich zu nennenden Fluggeräte, die nicht selten aus etwas Sperrholz und Leinwand zusammengeknotet waren, durchaus auch eine Frage des Überlebens dar.

Wer sich damit in die Höhe traute, musste ein wahrer Teufelskerl sein. Entsprechend glorifiziert wurden die Protagonisten, die das vermeintlich schwache, zarte, schutzbedürftige Geschlecht aus reinem Eigennutz auf Abstand zum Flugsport hielten. Denn wenn sogar Frauen zeigen, dass sie fliegen können, wäre es dann noch etwas Besonderes, etwas Heldenhaftes?

Entsprechend schwer wurde der Damenwelt der Zugang zur Flugausbildung gemacht. Nicht nur, dass die eigenen Familien auf die Einhaltung der gesellschaftlichen Normen pochten, auch die Flugschulen

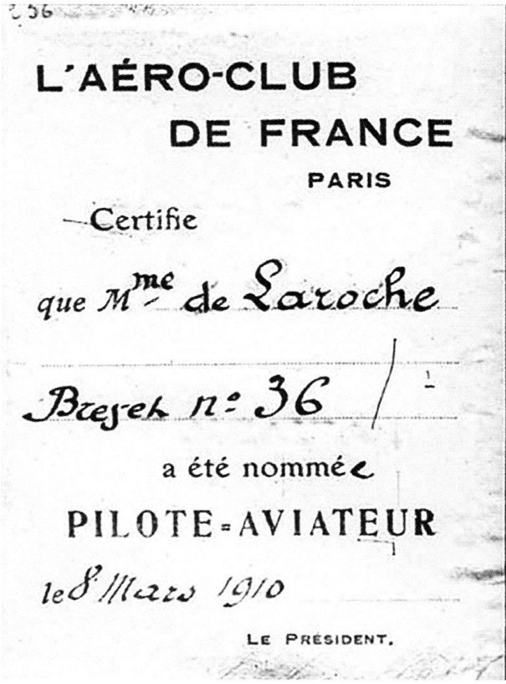

L'AÉRO-CLUB
DE FRANCE
PARIS
Certifie
que Mme de Laroche
Brevet nº 36
a été nommée
PILOTE-AVIATEUR
le 8 Mars 1910
LE PRÉSIDENT.

Foto rechts: Charlotte Möhring, die zweite deutsche Flugscheininhaberin, lernte das Einmaleins des Fliegens bei Hans Grade und legte ihre Pilotenprüfung 1912 auf dem Flugplatz Essen-Gelsenkirchen-Rotthausen ab.

Élise Léontine Deroche, besser bekannt als Raymonde de Laroche, war 1910 die erste Frau der Welt, die einen Flugschein in den Händen halten konnte.

sperrten sich. Sollte sich dennoch ein Fluglehrer bereit erklären, eine Frau zu unterrichten, spielte nicht selten Geld eine Rolle. Die Ausbildungskosten waren ohnehin schon horrend, für die Frauen waren sie nochmal höher. Schlimmer noch: Jene Damen, die sich davon nicht abschrecken ließen, wurden in Misskredit gebracht. Es hieß nicht selten, sie seien „aus dem Halbdunkel des Theater-Tingeltangels" gekommen oder einfach nur „Lebedamen", auf jeden Fall aber „dunkler Herkunft".

Trendsetterin

Die erst Frau weltweit, die auf all das pfiff und erfolgreich eine Pilotenprüfung für motorbetriebene Flugzeuge ablegte, war die am 22. August 1884 geborene Französin Élise Léontine Deroche, auch bekannt als Raymonde de Laroche. Am 8. März 1910 trug sie sich in die Annalen der Luftfahrt ein. Zu diesem Zeitpunkt waren in Deutschland erst zwei Flugzeugführerscheine ausgestellt worden: der erste für August Euler und der zweite für Hans Grade.

Das kleine Einmaleins des Fliegens hatte die Schauspielerin, Malerin, Autorennfahrerin und Bildhauerin de Laroche zuvor bei ihrem guten Freund, dem Flugpionier Charles Voisin, auf einem Doppeldecker gelernt. Noch während ihrer Ausbildung flog sie an einem Herbsttag die Distanz von sechs Kilometern, woraufhin die deutsche Familienzeitschrift „Die Woche" in ihrer Ausgabe vom 30. Oktober 1909 geradezu jubelte: „Die erste fliegende Frau ist auf der Weltbühne erschienen."

Und damit beeindruckte sie unkonventionelle Damen in ganz Europa. So auch die erste Deutsche, die eine Lizenz erhielt: Amelie Hedwig (Melli) Beese. Die Tochter aus wohlhabendem Hause absolvierte am 13. September 1911, an ihrem 25. Geburtstag,

→ Seite 37

Die Deutsche Thea Rasche (oben) nahm 1929 als eine von insgesamt zwei Ausländerinnen in den USA am legendären ersten Puderquastenrennen teil.

Die US-Amerikanerin Luise Thaden (rechts) gewann schließlich das Women's Air Derby.

Frauen beweisen sich

Kein Mensch wäre jemals auf die Idee gekommen, einen flugsportlichen Wettbewerb, an dem nur Herren teilnehmen, „Rasierschaum-Rundflug" zu nennen. Mit der Wortschöpfung „Puderquasten-Rennen" für das First Women's Transcontinental Air Derby, den ersten reinen Damen-Flugwettbewerb, der im August 1929 in den USA ausgetragen wurde, erwies sich der Urheber des Zitates, der Radiomoderator Will Rogers, jedoch als Kind seiner Zeit. Denn in den frühen Tagen der Luftfahrt waren nicht wenige Herren der Meinung, dass Frauen in der Aviatik nichts verloren hätten. Umso erstaunter mussten sie im Laufe der acht ereignisreichen Tage zur Kenntnis nehmen, welche Leistungen erbracht wurden.

Die Crème de la Crème der damaligen Pilotinnenszene war angetreten, um auf der 4.500 Kilometer langen Strecke von Santa Monica in Kalifornien nach Cleveland in Ohio um die Wette zu fliegen. Die Teilnehmerinnen mussten im Vorfeld einen Flugschein und mindestens 100 Stunden Erfahrung in der Luft vorweisen. Zumindest theoretisch.

Die US-Amerikanerinnen Amelia Earhart, Blanche Noyes, Louise Thaden oder Ruth Elder trugen sich ebenso in die Starterliste ein wie die einzigen Aus-länderinnen im Wettbewerb: Jessie Keith-Miller aus Australien sowie das „Flying Fräulein" aus Deutschland, die Essenerin Thea Rasche.

Insgesamt gingen 20 Frauen an den Start. Opal Kunz, deren Flugzeug 300 PS hatte, wurde übrigens zunächst einmal disqualifiziert, weil die Maschine angeblich „zu schnell für eine Frau" sei. Kunz, als Ehefrau des Vizepräsidenten von Tiffany & Co. glücklicherweise recht wohlhabend, suchte sich für 25.000 US-Dollar ein schwächeres Flugzeug und konnte schließlich doch starten.

Überschattet wurde der Wettbewerb, den schließlich Louise Thaden gewann, von einem tödlichen Unfall: Marvel Crosson stürzte ab und ertrank in einem Fluss. Was für die Presse Beweis genug war, dass Frauen nicht fliegen können.

Tatsächlich bewiesen sich die Damen jedoch bei Wind und Wetter, reparierten ölverschmiert ihre zuweilen recht unzuverlässigen Motoren, trotzten Krankheiten und männlichen Sabotageakten, betankten ihre Flugzeuge sogar in der Luft. Allen gemein war, dass aus anfänglichen Konkurrentinnen Kameradinnen, wenn nicht sogar Freundinnen wurden, die fortan gemeinsam für eine Sache kämpften. Kurze Zeit nach dem Rennen, im November 1929, gründeten sie eine eigene Pilotinnenorganisation, die Ninety Nines („Club der Neunundneunzig"). Dieser vertrat die Interessen von 99 jener 117 weiblichen Piloten mit Flugschein, die es zu diesem Zeitpunkt in den USA gab. Der Club setzte sich etwa dafür ein, dass Frauen an Luftrennen teilnehmen konnten. Die erste Präsidentin war keine Geringere als Amelia Earhart.

die Prüfung. Auch wenn der Weg dorthin nicht zuletzt aufgrund energischen männlichen Widerstandes beschwerlich war.

Einer ihrer Ausbilder, Hellmuth Hirth, schrieb später: „Wie in allen Berufen, die gelegentlich die physischen Kräfte eines Mannes erfordern, glaube ich nicht, dass auf den heutigen Flugzeugen die Frauen etwas Großes leisten werden. Die ganze Sache wird von ihnen lediglich als Sensation aufgefasst und dient dem Publikum nur zur Belustigung.“ Doch ausgerechnet seine Schülerin verstand es, außergewöhnlich talentiert mit dem Steuerknüppel umzugehen.

Schnell rotteten sich ihre Mitschüler zusammen und machten Melli das Leben schwer, nahmen mit ihren unzähligen Sabotageakten sogar ihren Tod in Kauf. Mal tauschten sie saubere gegen verrußte Zündkerzen aus, mal ließen sie Treibstoff aus dem Tank oder manipulierten an den Verstrebungen. Aber das könne man den Männer nun wirklich nicht verdenken, bagatellisierte Hirth später kurzerhand die Taten, schließlich nehme Melli den Herren doch den Nimbus.

Ihre Prüfung absolvierte Melli lieber ohne Lehrer und Mitschüler, ganz früh am Morgen, kurz nach Sonnenaufgang, vor zwei externen Zeugen. Dieses Mal hatte sie ihre Gegner ausgetrickst, an Achtung gewonnen jedoch leider nicht. Zwei Wochen später weigerten sich Rumpler-Werkspiloten, an der nationalen Flugwoche in Johannisthal teilzunehmen, falls Melli an den Start gehen sollte. Sie startete dennoch, abseits des Wettbewerbs. Mehr noch: 1912 eröffnete sie in Berlin-Adlershof ihre eigene Flugschule. Ihr Teilhaber war Charles Boutard, den sie nicht nur zum Chefpiloten ihres Unternehmens, sondern schließlich auch zum Ehemann

Die Belgierin Hélène Dutrieu wurde für ihre fliegerischen Leistungen 1913 zum Ritter der französischen Ehrenlegion ernannt.

vorherige Seite:
Die US-Amerikanerin Katherine Stinson gilt als die erste Himmelsschreiberin weltweit und flog 1915 als erste Frau einen Looping.

beförderte. Außerdem begann sie, Flugzeuge zu konstruieren. Ihre Modifikation der Rumpler-Taube verkaufte sich als Beese-Taube für die Zeit hervorragend.

Die zweite deutsche Fluglizenzinhaberin, Charlotte Möhring, hatte das Glück, an einen weniger skeptischen Fluglehrer zu geraten. Der Schein der am 31. März 1887 in Pankow Geborenen trägt die Nummer 285 und das Datum 7. September 1912. Kein Geringerer als Hans Grade hatte ihr in Bork das kleine Einmaleins des Fliegens beigebracht. Die Prüfung selbst legte sie in Gelsenkirchen-Rotthausen ab. Dort hatte ihr späterer Ehemann Georg Mürau, selbst ein Grade-Schüler, wenige Wochen zuvor eine Flugschule eröffnet. Charlotte trat nach der Hochzeit ins Unternehmen ein, absolvierte Schauflüge, nahm an Wettbewerben teil und unterstützte ihren Gatten in seiner Tätigkeit als Vertreter für den Verkauf von Grade-Flugzeugen. Zudem wurde sie Leiterin der Flugschule, die beide 1914 in Krefeld auf dem Exerzierplatz Egelsberg gegründet hatten. Sechs Flugzeuge standen bald bereit, um Piloten für den sich abzeichnenden Krieg auszubilden. Doch eben jener sorgte auch für das geschäftliche Aus.

Jobchancen gleich Null

Bis zum Ausbruch des Ersten Weltkrieges waren in Deutschland drei Frauen – neben Beese und Möhring noch Martha Behrbohm – und rund 800 Männer im Besitz der Fluglizenz, nach dem Krieg immer noch drei Frauen, aber Tausende nun arbeitsloser Piloten. Die Chancen, als Frau einen Job in der kommerziellen Luftfahrt zu finden, waren also schlechter als zuvor. Mit der Reputation der von Richthofens konnten sie in jenen Tagen eh nicht mithalten ... 1924 hatte zu allem Überfluss die International Commission for Civil Aviation entschieden, dass „Frauen von jeglicher Tätigkeit als Besatzungsmitglied eines im öffentlichen Transportwesen eingesetzten Flugzeuges ausgeschlossen sind“. Warum hätte also die 1925 gegründete Deutsche Verkehrsfliegerschule Frauen als Schülerinnen zulassen sollen?

Die Pilotinnen der Weimarer Republik konzentrierten sich somit fortan auf die Sportfliegerei, auf einen Bereich, der noch heute weitaus weniger männerdominiert ist als die kommerzielle Verkehrsluftfahrt. Marga von Etzdorf schaffte es 1927/28 nur deshalb in eine Pilotenkanzel der Luft Hansa, weil sie sich ganz bewusst als „zweiter Führer“, also als Kopilotin beworben hatte.

Diese waren damals für die Navigation zuständig und wurden im Fliegerjargon „Franz“ genannt, weil sie sich nicht „verfranzen“ durften. „Als zweiter Führer konnte ja selbst eine Frau kein Unheil anrichten“, lautete während des Vorstellungsgesprächs ihr Argument, dem die Verantwortlichen nichts entgegensetzen konnten. Dennoch bemühte sie sich, gegenüber Passagieren ihre Weiblichkeit zu verstecken, trat betont männlich auf und sprach, wenn überhaupt, mit tief verstellter Stimme. Doch ihr Vertrag lief ja auch nur über 10.000 Flugkilometer, also wenige Monate.

Anschließend wandte sie sich, wie fast alle Fliegerinnen ihrer Zeit, dem Show-, Wettbewerbs- und Abenteuerprogramm zu. Die bekannteste Kollegin war zweifellos Elly Beinhorn, die etliche Langstrecken- beziehungsweise Expeditionsflüge unternahm. Doch die 1930er-Jahre waren erneut von beginnender Militarisierung geprägt. Pilotinnen wurden anfangs noch, wenn überhaupt, als Werbeträger für den Nationalsozialismus ge- beziehungsweise missbraucht – als Aushängeschilder für deutschen Sportsgeist und Modernität des Deutschen Reiches. Doch damit war es schnell vorbei.

Marga von Etzdorf gelang es in den späten 1920er-Jahren, als erste Frau eine Stelle als Kopilotin bei der Luft Hansa zu bekommen.

Elly Beinhorn erlangte in den 1930er-Jahren Berühmtheit durch ihre Langstrecken-flüge – der Alleinflug nach Afrika (1931), die Welt-umrundung (1932) oder ihre Rekordflüge über zwei beziehungsweise drei Kontinente in 24 Stunden (1935, 1936).

Der Zweite Weltkrieg vermochte nichts an den beruflichen Perspektiven für Frauen zu ändern. Die Regierung griff zwischen 1939 und 1945 zwar aus Eigennutz mehr und mehr auf deutsche Fliegerinnen zurück, doch die meisten behielten dabei ihren zivilen Status – im Gegensatz etwa zu russischen Pilotinnen. Und sie beschränkten sich aufs Testen, wie Hanna Reitsch oder Melitta von Stauffenberg, beziehungsweise auf Überführungsflüge wie Beate Uhse, Vera von Bissing oder Liesel Bach.

„Eher wird eine Frau Boxweltmeister ..."

Als nach dem Zweiten Weltkrieg nicht nur die neue Lufthansa (1955), sondern auch die Verkehrsfliegerschule des Kranichs aus der Taufe gehoben wurden, drehte sich dort wiederum alles nur um die Herren Piloten, die entweder nach den langen Jahren des lähmenden Stillstandes wieder auf aktuellen Stand gebracht oder überhaupt erst ausgebildet werden mussten. Und Deutschlands Vorzeige-Airline hatte wenig Interesse daran, an einem neuen Frauenbild aktiv mitzuarbeiten.

Skandinavien war in dieser Hinsicht, wie in vielen anderen Bereichen auch, bereits ein Stückchen weiter. 1968 meldeten die Zeitungen, dass die SAS erstmals eine Pilotin ausbilde: Turi Wideroe. Als erste Verkehrsflugzeugführerin in der westlichen Welt. Doch die Gazetten mochten es nicht an die allzu große Glocke hängen. In der Sunday New York Times schaffte es die Meldung auf Seite 73.

Als erste deutsche Kapitänin setzte sich Rita Maiburg 1976 bei der zwei Jahre zuvor gegründeten Deutschen Lufttransport Gesellschaft (DLT) auf den linken Sitz. Bei Ansagen wurde jedoch bewusst ihr Geschlecht verschwiegen: „Im Namen von Flugkapitän Maiburg begrüße ich Sie", ließen die Flugbegleiterinnen wissen. Zudem verdiente Maiburg deutlich weniger als ihre männlichen Kollegen, 1977 beispielsweise 2.700 Mark brutto. Ein Kopilot startete seinerzeit bei der Lufthansa mit einem Einstiegsgehalt von 2.850 Mark. Doch diese Beispiele ließen den Kranich relativ kalt. Mehr noch: Der einstige Leiter der Verkehrsfliegerschule, Alfred Vermaaten, hatte schließlich versichert, dass

Die US-Amerikanerin Amelia Earhart überquerte 1932, also fünf Jahre nach Charles Lindbergh, als erste Frau den Atlantik im Alleinflug. 1937 verschwand sie bei der geplanten Erdumrundung im Pazifik. 1939 wurde sie für tot erklärt.

1969 trat Turi Wideroe (links) als Kopilotin ihren Liniendienst bei der SAS an.

Die Britin Barbara Harmer (Foto unten) flog ab 1993 für British Airways die Concorde.

eher eine Frau Boxweltmeister im Schwergewicht werde als Kapitän bei der Lufthansa. Daran hielt man sich.

Und es blieb schwierig

Selbst als in der Folgezeit der Luftverkehr wuchs und sogar US-amerikanische Airlines ab 1973 Pilotinnen beschäftigten, um die steigende Anzahl an Flugzeugen auch bereedern zu können, war unter den Schülern der Bremer Flugschule – die bis 1982 zu zwei Dritteln für Lufthansa, Condor und German Cargo Services ausbildete – nicht eine Frau. Nicht, dass sich bis dahin keine beworben hätten. Man hat sie mit fadenscheinigen Gründen ausgegrenzt.

Noch im Jahr 1985 sagte ein Lufthansa-Sprecher, dass Pilotinnen im Luftverkehr ein Sicherheitsrisiko darstellen, weil sie mit übertriebenen emanzipatorischem Ehrgeiz

an die Sache rangingen, was wiederum ein Klima der Rivalität erzeuge, „und Konkurrenz-Denken im Cockpit können wir uns überhaupt nicht erlauben".

Erst nach der erfolgreichen Klage einer Interessentin auf Zulassung musste die Verkehrsfliegerschule unfreiwillig einlenken. Seit 1986 dürfen Frauen also ihre Ausbildung bei der Lufthansa absolvieren. Und es glich ob der Medienpräsenz zweifellos einer Sensation, als die beiden ersten Pilotinnen des Kranichs, Evi Lausmann (heute Hetzmannseder) und Nicola Lunemann (inzwischen Lisy), am 23. August 1988 in den Liniendienst starteten.

Doch was hat sich seitdem verändert? Aktuell beträgt der Anteil der Pilotinnen sowohl in der Lufthansa-Gruppe als auch bei Lufthansa sechs bis sieben Prozent – summa summarum 600 Pilotinnen in der Group und etwa 300 beim Kranich. Laut Unternehmensauskunft sei diese Zahl seit einigen Jahren konstant, da in der jüngeren Vergangenheit nicht neu eingestellt wurde. Allerdings, darauf legen die Verantwortlichen Wert, belaufe sich der Anteil der Frauen unter den Nachwuchsflugzeugführern momentan auf rund 15 Prozent, sodass, perspektivisch gesehen, mit einem Anstieg des weiblichen Anteils zu rechnen ist.

Mit Nicola Lunemann (heute Lisy, links) und Evi Lausmann (inzwischen Hetzmannseder, rechts) starteten 1986 erstmals Frauen ihre Ausbildung bei der Verkehrsfliegerschule der Lufthansa.

Die Portraits

13 Pilotinnen und Piloten und Ihr Weg ins Cockpit

Nila
Kiefer

Rolf
Hannak

Urs
Baltisberger

Thomas
Wilhelm

Rena
Achten
(links)

Eckhard
Selonke

Marina
Fock

Harald
Summer

Claus
Cordes

Flippie
Vermeulen

Eicker
de Klerk

Thomas
Heidemann

Anne
Rech

Nila Kiefer

Die Barfuß-Fliegerin

Arbeitsbienen der maldivischen Luftfahrt: die DHC-6 der Trans Maldivian Airways.

Auf Umwegen den Traum erfüllt: Nila Kiefer hat sich ihren durchaus steinigen Weg ins Cockpit hart erarbeitet.

Na klar gibt es sie: Jene Frauen und Männer, die bereits im Kindergartenalter wissen, was sie später einmal, wenn sie erwachsen sind, werden möchten. Die sich zum sechsten Geburtstag ein Flugzeugmodell statt Teddybären wünschen und zum siebten das „Was ist Was"-Buch, Band Nummer zehn, „Flugzeuge – der Traum vom Fliegen". Die ihre weitere schulische Laufbahn diesem einen großen Lebens-Ziel anpassen; deren Weg ins Cockpit ein Weg ohne Umwege ist. Doch um es vorweg zu nehmen: Zu diesen Menschen zählt Nila Kiefer nicht.

Die Deutsch-Italienerin, die heute als First Officer an Bord einer Twin Otter barfuß Touristen in Wasserflugzeugen zu den schönsten Resorts der sonnenverwöhnten Malediven fliegt, beriet noch Anfang der 2000er-Jahre in High Heels luxusliebende Gucci-Kundinnen im ewig verregneten London. Was in jenen Tagen irgendwie stimmig schien. Modedesignerin, das war schließlich einer von Nilas unzähligen Berufswünschen im Kinder- und Jugendalter.

„Ich hatte so viele Ideen, bin von Natur aus neugierig auf das Leben, auf andere Kulturen, Menschen, Sprachen", beschreibt sich die 1983 in Fiesole Geborene. Kaum vorstellbar also, dass sich die mal mehr und mal weniger ernst verfolgten Hirngespinste irgendwann kanalisierten und in einem festen Ziel mündeten. Inzwischen ist die Pilotin, die aus einem ganz und gar flugängstlichen familiären Umfeld stammt, jedoch angekommen. Nicht örtlich, dafür ist Nila zu sehr Globetrotterin, aber gewiss in beruflicher Hinsicht. Doch bis sie wusste, was sie wollte, sollte Zeit vergehen.

Liebe auf den ersten Blick

Rückblick: 2003 lässt die 19-Jährige die Toskana hinter sich und geht nach London, um ihr Englisch auf Vordermann zu bringen. Nur: Aus der geplant mehrmonatigen Stippvisite werden Jahre. 2006 tauscht sie den Arbeitsplatz im Einzelhandel mit einem Job bei British Mediterranean Airways (BMED). Der relativ kleine, in Heathrow ansässige British-Airways-Franchise-Partner hat A320 und A321 in der Flotte und Ziele in der Levante, Zentralasien sowie Nordafrika im Programm. Als Flugbegleiterin braucht Nila also fortan nicht mehr nur von den Geheimnissen des Orients, den sagenumwobenen Handelsplätzen entlang der Seidenstraße oder der faszinierenden Natur des Schwarzen Kontinents zu träumen.

Welch eine Bereicherung für das Leben der bis dato auf dem Bremspedal stehenden Abenteurerin. Mehr noch: „Gleich auf meinem ersten Flug saß ich für Start und Landung im Cockpit auf dem Jumpseat. Es war Liebe auf den ersten Blick", erinnert sich die heute Mittdreißigerin. „Von diesem

Moment an beschäftigte ich mich ernsthaft mit dem Gedanken, Pilotin zu werden.“ Die bloße Idee wird bereits wenige Monate später konkret. Zur Hilfe kommt dabei das Aus der BMED im Herbst 2007, das zu schnellem Handeln zwingt.

Nila Kiefer zieht in kürzester Zeit ihre PPL-Ausbildung bei der Anglo American Aviation in der Nähe von San Diego durch. „Das war damals die einzige Schule an der US-amerikanischen Westküste, die UK-Lizenzen ausstellte“, begründet sie die Wahl, die sie nicht bereut. Im Gegenteil: Auf großartige vier Wochen kann sie zurückblicken. Jeder einzelne Trainingsflug auf Cessna 152 bestärkt sie in ihrem Vorhaben. „Gleich auf meinem ersten Solo-Flug spürte ich dieses sensationelle Gefühl von Freiheit, das mich tatsächlich noch heute mit Glück erfüllt.“

Doch bald darauf gilt es, den ersten Dämpfer zu verdauen: Zurück in Großbritannien versucht sie, in einem der ATPL-Ausbildungsprogramme diverser Airlines unterzukommen. Doch weder Thomsonfly noch Netjets haben Platz für die vor Leidenschaft Brennende. Auch von der damals massiv expandierenden Etihad kommt eine Absage. Also heißt es zunächst wieder: Luxusklamotten verkaufen, für Gucci und Fendi, das kennt Nila ja. Und Geld muss sie verdienen, London ist schließlich ein teures Pflaster. Das Fernweh jedoch bleibt und kann selbst durch einen Umzug nach Südafrika nicht geheilt werden. Zwar fliegt sie rund um Kapstadt privat weiter. Allerdings muss Nila schnell feststellen, dass ihre Jobs niemals genug Geld abwerfen werden, um aus eigener Kraft die teure ATPL-Ausbildung zu finanzieren.

Knapp 50: Keine Fluggesellschaft weltweit betreibt mehr Wasserflugzeuge vom Typ Twin Otter als Trans Maldivian Airways.

TRANS MALDIVIAN AIRWAYS

Die älteste, noch bestehende Fluggesellschaft der Malediven wurde 1989 unter dem Namen Hummingbird Island Helicopter gegründet und setzte, wie der Name schon sagt, zunächst einmal ausschließlich Hubschrauber ein. Ab 1997 stießen die ersten Wasserflugzeuge zum Unternehmen, und nach der Übernahme durch die Blackstone Group fusionierte die Airline mit ihrer Wettbewerberin Maldivian Air Taxi. Heute betreibt TMA 46 DHC-6 Twin Otter von der Flughafeninsel Hulule aus zu mehr als 60 Ferieninseln und -anlagen auf den Malediven. Darüber hinaus stehen Rund-, Charter- und medizinische Flüge im Programm.

DHC-6 TWIN OTTER

Die Twin Otter ist das Flugzeug der Wahl, wenn es ins schwierige Terrain geht – dorthin, wo Kurzstart- und -landeeigenschaften (STOL) gefragt sind. Der robuste Schulterdecker hatte seinen Erstflug 1965 und wurde zunächst bis 1988 produziert. Im Jahr 2006 übernahm schließlich Viking Air die Produktionsrechte, 2007 wurde mit der Fertigung der DHC-6-400 begonnen.

Abflug ins Paradies: Die Twin Otter geben sich bereits mit 370 Metern für Start oder Landung zufrieden.

Ein Onkel mütterlicherseits ist schließlich bereit, seiner Nichte das Geld vorzustrecken. „Ich zahle heute noch ab", gesteht Nila lachend ein, „doch ich bin ihm wirklich dankbar!" 27 Lenze zählt sie mittlerweile, als es abermals gilt, die Umzugskartons zu packen. Die angehende Verkehrspilotin zieht bei der Flight Training Europe (FTE) im andalusischen Jerez die nächste Ausbildungsstufe in 15 Monaten durch. „Rückblickend betrachtet, war es eine schwere Zeit für mich. Ich hatte seit dem Abitur kein Lehrbuch mehr in der Hand." Sie muss das Lernen wieder lernen, dazu das Fachenglisch. „Aber ich habe mich durchgebissen."

Das praktische Training geht ihr dagegen leichter von der Hand. Geschult wird auf Piper Warrior und Seneca. Für die Multi-Crew-Cooperation(MCC)-Lizenz verbringt Nila darüber hinaus 16 Stunden im Boeing-737-Simulator. Doch Jets zu fliegen, ist nicht wirklich mehr ihr Ziel. Vielmehr keimt der Wunsch, Wasserflugzeuge zu steuern – eine Flause, die ihr ein junger maldivischer Mitschüler ins Hirn gepflanzt hat.

Dort arbeiten, wo andere Urlaub machen. Ewige Sonne. Grenzenlose Freiheit. So lautet der Traum. Allerdings geht Nila nach ihrem Abschluss zunächst einmal nach Deutschland, in die Heimat ihrer Mutter, und nimmt mit einem Job als Flugbegleiterin bei der Luftfahrtgesellschaft Walter (LGW) vorlieb, denn Pilotenstellen sind in jenen Tagen durchaus rar.

Dennoch nutzt sie die nächste Gelegenheit, um mit einem Freund auf die Malediven zu reisen und sich bei Trans Maldivian Airways (TMA) zu bewerben. Mit aussichtsreichem Ergebnis. Das einzige Hindernis auf dem Weg ins Cockpit sind jene 250 Flugstunden, die als Voraussetzung gelten, sowie das Wasserflugzeug-Rating. Dieses absolviert sie in Norditalien in nur acht Stunden auf einer Cessna 172 mit Schwimmern, und für die letzten benötigten 22 Flugstunden mietet sie sich kurzerhand eine Cessna 152 mit Rädern, mit der sie kreuz und quer über die Iberische Halbinsel fliegt. Im Sommer 2014 bricht sie schließlich in Richtung Malediven auf.

Sehnsuchtsort für Millionen

Die rund 1.190 winzigen Inseln mitten im Indischen Ozean sind bereits für Millionen Reisende jährlich das Sehnsuchtsziel

schlechthin. Kilometerlange Sandstrände, türkisblaues Meer, tropische Temperaturen versprechen den perfekten Ort für die perfekten Ferien. Und angesichts der Tatsache, dass sich die Atolle auf einer mehr als 871 Kilometer langen, in Nord-Süd-Richtung verlaufenden Achse erstrecken, ist der Inselstaat für den Wasserflugverkehr geradezu prädestiniert.

Wer eine schnelle und bequeme Verbindung vom Internationalen Flughafen, der sich auf der Malé vorgelagerten Airportinsel Hulule befindet, und seinem Resort sucht, wird sich unweigerlich an TMA wenden. Sie gilt als größte Wasserflugzeugbetreiberin der Welt. Insgesamt 48 DHC-6 stehen in ihren Diensten, und eben diese „Twin Otter" genannten Zweimotorigen kennt Nila mittlerweile aus dem Effeff, mehr noch: Sie hat sie lieben gelernt. Die emsigen, weiß-rot-grauen Arbeitsbienen sind für die Tourismusdestination das, was die Yellow Cabs für New York sind. Trotzdem lässt sich das Fliegen auf den Malediven keinesfalls mit Taxifahren vergleichen. „Für uns Piloten ist jeder Flug anders, kein Umlauf gleicht dem nächsten", versichert Nila. Das macht es für sie jedes Mal aufs Neue spannend.

Geflogen wird zwischen Sonnenauf- und Sonnenuntergang, ausschließlich auf Sicht, bis zu 16 Mal pro Tag. Die meisten Flüge dauern rund 30 Minuten. Der Flugplan ist

Zum Feierabend in kühles Bad: Nila Kiefer mit ihrem Piloten-Kollegen Luke Howard (Mitte) und dem Kabinenmitarbeiter Ammadey Ifshan. Momentan beschäftigt das Unternehmen mehr als 170 Pilotinnen und Piloten aus rund 20 Ländern.

Luxuriöse Resorts in aquamarinblauen Lagunen locken derzeit rund 1,4 Millionen Urlauber pro Jahr an. Mit TMA fliegen etwa 960.000 Passagiere.

eng an den Flugplan der Malé anfliegenden Big Player des Airline-Business gekoppelt. TMA fungiert quasi als Zu- und Abbringer.

Jedoch: Spielende Delfine können durchaus schon mal den Start um einige Minuten verzögern, und Schildkröten auf den Schwimmern stellen zuweilen ein ernstzunehmendes Problem dar. Walhaie voraus? Kreuzende Mantas? Gehören hier durchaus zum gewohnten Bild.

Piloten in den urbaneren Teilen der Welt haben dagegen mit Vogelschlag zu kämpfen, müssen engeren Prozederen der Flugkontrolle folgen, werden durch strengere Vorgaben reglementiert. „Mir dagegen gibt kein Lotse die Windrichtung und -stärke durch. Ich allein muss den Seegang antizipieren, auf Meeresgetier und andere schwimmende Hindernisse achten, selbst entscheiden, in welche Richtung ich starte oder lande.“ Genau diese Freiheit liebt Nila.

Herausforderungen meistern

Für die größte Herausforderung in ihrem derzeitigen Arbeitsalltag hält sie das Landen auf dem Wasser, das mal mehr, mal weniger in Bewegung ist. Während des Nord-Ost-Monsuns, also zwischen November und Ende April, herrscht relativ ruhige See. „Die Schwierigkeit dabei ist, die Flughöhe zur Wasseroberfläche, die wie ein Spiegel vor mir liegt, exakt einzuschätzen“, so die mittlerweile auf 2.000 Flugstunden kommende Wasserflugzeugpilotin. Der Süd-Monsun während der Sommermonate Juni, Juli und August bringe dagegen zum Teil starken Wind, immer wieder kurze Regenschauer und somit durchaus ordentlich Seegang. Und hohe Wellen machen die Landung auch nicht gerade einfacher …

Herausforderung Nummer zwei ist das Leben in dieser streng muslimisch geprägten Republik. Das gleicht wahrlich keinem Luxusurlaub, obwohl die ausländischen Piloten viele Annehmlichkeiten genießen: „Wir leben auf Hulumalé, zahlen keine Miete, haben keine Nebenkosten, alle drei Monate gibt's einen Monat frei, dazu Tickets nach Hause, in meinem Fall nach Europa.“ Aber: „Ärztliche Versorgung nehme ich lieber in Deutschland in Anspruch. Mein Kind wurde in Deutschland geboren“, teilt die junge Mutter mit, die inzwischen auch ihr privates Glück am Äquator gefunden hat.

Ihrem im Sommer 2017 geborenen Sohn zuliebe überlegt die Weltenbummlerin derzeit, ihre Zelte abzubrechen und weiterzuziehen. Nilas Lebensgefährte, ebenfalls Twin-Otter-Pilot, liebäugelt inzwischen mit einem ein Job in seiner Heimat. Bei einem kanadischen Ferienflieger, der im Winter Kapazitäten aus Europa an- und im Sommer Flugzeuge mitsamt Crews in entgegengesetzter Richtung vermietet. „Dort herrscht gerade großer Bedarf. Ich könnte ebenfalls dort unterkommen.“ Mit Rädern statt Floats unterm Rumpf würde sie sogar eine Zeitlang leben.

Natürlich wäre es eine Vernunftsentscheidung, „denn eigentlich läuft es für mich bei TMA gerade super. Ich kann Teilzeit fliegen, derzeit zweimal die Woche“. Und ihre Beförderung zur Kapitänin ist aufgrund der Schwangerschaft und Geburt nur aufgeschoben, nicht aber aufgehoben. „Karriere“, so Nila jedoch mit Nachdruck, „kann ich aber auch ein bisschen später machen.“
Es bleibt abzuwarten, wie sich die kleine Familie entscheiden wird. Nur eines steht fest: Die Liebe zu Wasserflugzeugen wird ihr niemand mehr nehmen können.

8Q-TMG

Rolf Hannak ist seit 2002 mit BelugaST in Europa unterwegs. Seit 2012 trägt er als Kapitän im Cockpit Verantwortung.

Rolf Hannak

Als einziger Deutscher im Beluga-Cockpit

Piper PA-34 Seneca III auf dem Flugplatz Lasbordes bei Toulouse: Rolf Hannaks Privatflugzeug. Die laufenden Kosten halten sich in Grenzen, weil der leidenschaftliche Pilot als gelernter Flugzeugbauer Wartung und Reparaturen selbst in die Hand nimmt.

Wer per Kreuzfahrtschiff in arktischen Gewässern unterwegs ist, kann ihn vielleicht, mit viel Glück, in seinem Element erleben: den friedfertigen Weißwal Beluga. Der neugierige Meeressäuger kommt zum Atmen an die Oberfläche, beäugt freundlich seine Umgebung und taucht wieder ab.
Das Ungetüm, das jetzt auf der Piste 32L des Flughafens von Toulouse beschleunigt und abhebt, heißt ebenfalls Beluga und gleicht optisch seinem Namensgeber. Das XL auf dem schneeweißen Rumpf aber unterstreicht, dass dieses Ausnahmeflugzeug deutlich massiger daher kommt als sein Vorbild. Und Rolf Hannak, der den Start des Riesenvogels zu einem seiner Testflüge verfolgt, freut sich wieder einmal auf eine neue Herausforderung und Abwechslung in seinem keineswegs monotonen Fliegerleben. Denn vor Jahresende 2019 wird er da vorn im Cockpit sitzen und den brandneuen Transporter zu den elf Airbus-Produktionsstätten in Europa fliegen.

Mit dem nur geringfügig kleineren bauähnlichen Lastesel BelugaST ist er seit 2005 vertraut; seit 2012 trägt er als Kapitän im Cockpit Verantwortung. Nach Abschluss der Testphase, die etwa 600 Flugstunden umfassen wird und vier Testpiloten beansprucht, wird Rolf Hannak nach dem Senioritätsprinzip einer der ersten regulären Piloten dieses Musters sein, von dem bis 2023 fünf, vermutlich sogar sechs Exemplare gebaut werden.

Neben seiner unbestrittenen Qualifikation bedurfte es hartnäckiger Überzeugungsarbeit, sich einen Platz in der exklusiven und lupenreinen „geschlossenen französischen Gesellschaft“ zu sichern.
Der Weg des heute 52-jährigen Piloten ins Cockpit des Supertransporters vollzog sich geradlinig und konsequent, denn seine Leidenschaft für die Fliegerei ist bereits in jungen Jahren geweckt worden. Es kommt selten vor, aber heute hat Rolf Hannak einen halben freien Tag, um Fragen zu beant-

worten und seine Geliebte vorzustellen, die er sich, geduldet von seiner französischen Frau, mit der er seit 1994 verheiratet ist, gönnen darf. Die schon etwas betagte Dame hört auf den Namen Piper PA-34 Seneca III und sieht sehr gepflegt aus. Schauplatz ist der Flugplatz Lasbordes südöstlich von Toulouse. Als das zweimotorige Flugzeug für das Foto-Shooting aus dem Hangar in die südfranzösische Sommersonne gerollt wird, landet im Hintergrund eine BelugaST auf dem nur wenige Kilometer entfernten Flughafen Toulouse-Blagnac. „Damit fliege ich morgen wieder nach Hamburg-Finkenwerder", bemerkt Rolf Hannak, „und diese Seneca ist mein privates Vehikel! Als es mir und meinem Freund angeboten wurde, konnten wir nicht Nein sagen, weil es pro Anteil nicht mehr kostete als ein Auto der unteren Mittelklasse. Außerdem bin ich, seit ich bei Airbus Flugzeugbau gelernt habe, in der Lage und per Zertifikat legitimiert, die meisten erforderlichen Wartungsarbeiten selbst in die Hand zu nehmen. Das drückt die Kosten enorm!" Da ihn alles, was fliegt, interessiert, ist er in seiner Freizeit auch noch auf dem Flugplatz Muret westlich von Toulouse aktiv und turnt als Mitglied des Flugsportvereins Midi Pyrénées Voltige mit Kunstflugzeugen wie CAP 10, Extra 200 und 330 SC am Himmel über Südfrankreich. Auf diesen Mustern ist er, wie auch auf der Seneca, zugleich als Fluglehrer tätig. Fliegen aus Leidenschaft, und immer wieder die unbändige Lust, sich auch mit älteren Flugzeugen vertraut zu machen. Früher war er mit der Amphibie Lace Buccaneer und dem rustikalen Doppeldecker Antonow AN-2 unterwegs, steuerte Oldtimer wie Boeing Stearman und Pitts Special.

Von Hamburg nach Toulouse

Rolf Hannak hat die Hürden auf dem Weg zum Flugkapitän und ins Cockpit des Transporters Beluga mit Ehrgeiz und beachtlicher

Seit Juli 2018 läuft die Flugerprobung dieses noch größeren Nachfolgers BelugaXL, von dem bis 2023 fünf auf der Basis des Airbus A330 gebaut werden sollen. Auch Rolf Hannak lässt sich demnächst umschulen und wird wohl ab Herbst 2019 mit dem „fliegenden Wal" unterwegs sein.

Wer Schatten sucht: Beluga hat viel davon zu bieten. Rolf Hannak war von Anfang an in das Flugzeug verliebt und hat lange dafür gekämpft, als einziger Deutscher von der bis vor einigen Jahren noch rein französischen „geschlossenen Gesellschaft" als Pilot akzeptiert zu werden.

Zielstrebigkeit genommen und einen Fürsprecher gefunden. Der hatte buchstäblich einen Riecher für junge Leute und das Potenzial erkannt, das in ihnen schlummerte. Als Rolf Hannak am 13. Juni 1966 in Hamburg geboren wurde, arbeitete sein Vater als Strukturingenieur bei der Hamburger Flugzeugbau GmbH (HFB), die drei Jahre später per Fusion in dem damals neuen Konzern MBB aufging.

Der Begriff „Airbus" war zwar bereits erfunden, das fliegende Produkt aber gab es noch nicht. Als Rolf Hannak elf Jahre alt war, wurde sein Vater nach Toulouse versetzt, wo er vor allem mit der Zulassung des Airbus A300-600 beschäftigt war. Die Familie zog also um nach Südfrankreich und brachte den Sohn in der Deutschen Schule der damals schon sehr europäisch geprägten „Airbus-Stadt" unter. Nach dem Realschulabschluss folgte der Wechsel auf ein französisches Gymnasium. Einer von Rolfs Klassenkameraden war übrigens Eric, der Sohn des damaligen Produktionschefs und späteren Luftfahrtmanagers Hartmut Mehdorn.

„Diese ersten Jahre haben mich geprägt", sagt Rolf Hannak, der mit seiner Familie seit Jahren in Toulouse lebt und zweisprachig aufwuchs; die Verbindung nach Deutschland aber hat er nie abreißen lassen. Seine Großeltern lebten in Porta Westfalica, wo er als Zwölfjähriger bei den Segelfliegern schnupperte und im Alter von 14 Jahren in den Ferien in Oerlinghausen mit der Schulung begann. Die Prüfung legte er dann auf einem kleinen Platz bei Toulouse ab und erinnert sich gern daran, dass er die 30 Kilometer pro Strecke meistens mit dem Fahrrad bewältigt hat.

Nach dem Abitur in Toulouse ließ er sich in dreijähriger Lehre bei MBB in Hamburg zum Fluggerätebauer ausbilden, erwarb parallel im letzten Lehrjahr die Privatpilotenlizenz (PPL), schraubte bereits kompetent an Flugzeugen wie Cessna und TB10 Tobago der Luftsportgruppe HFB und war inzwischen längst vom Luftfahrtvirus infiziert: „Ich wusste damals bereits, dass mich die Fliegerei irgendwann auch beruflich begleiten würde! Und da ich bei Airbus in Hamburg sechs Monate gejobbt und auch mit Bannerschlepp per Piper PA-18 ein paar Mark verdient hatte, begann ich mit der Ausbildung zum ATPL bei der Verkehrsfliegerschule Sonntag."

Rolf Hannak heuerte unmittelbar darauf bei der EPC Conti Flug in Köln an, die ihn für das Rating auf Learjet 35 zunächst nach Tuscon, Arizona, schickte. Im Auftrag dieser Gesellschaft flog er anschließend im Charterverkehr mit King Air, Learjet und dem kleinen Vierstrahler BAe 146 im flotten Wechsel VIP-Charter und Ambulanz-Einsätze. Und als die Airline dann den Zuschlag bekam, den Shuttleverkehr zwischen Hamburg und Toulouse für die Airbusmit-

arbeiter zu übernehmen, gab wohl auch die Zweisprachigkeit des jungen Piloten den Ausschlag. „Morgens hin, abends zurück, ich pendelte nahezu täglich zwischen Heimat und Heimat, auch später noch, als die Conti Flug inklusive BAe 146 von Hamburg Airlines übernommen worden war."

„Ich will diesen Koffer fliegen"

Inzwischen suchte die Sabena Piloten für ihre Avro RJ 85 und RJ 100. „Ich war als einer der jüngsten Kapitäne zwischen Saarbrücken, Berlin und Kroatien unterwegs, flog dann von Brüssel häufig den City Airport in London an und wurde bei Sabena Ausbilder auf diesem Muster. Dabei hatte ich als halber Franzose aber immer wieder ganz andere Gedanken im Kopf", gesteht Rolf Hannak. Sein Vater, der wenig später, kurz nach dem Erstflug der BelugaST im Jahre 1994, überraschend starb, war damals bei der deutschfranzösischen Gesellschaft SATIC in Toulouse zuständig für die Zulassung des ganz und gar unglaublichen Flugzeugs, das die betagte Super Guppy ersetzen und als Transporter zwischen den Airbus-Produktionsstätten eingesetzt werden sollte. Sohn Rolf hatte sein Wunschziel vor Augen und beschloss: „Ich will diesen Koffer fliegen!"

Er warf also seinen Hut in den Ring, lief mehrfach gegen die Wand, weil er angeblich mal zu wenig Erfahrung hatte, mal als überqualifiziert abgelehnt wurde. Allmählich dämmerte es ihm, dass die Franzosen offenbar beim Betrieb dieses neuen Flugzeugs unter sich bleiben wollten. „Alle Handbücher waren in Französisch verfasst, ungefähr 30 Bewerbungen hatte ich eingereicht, um ins Beluga-Team aufgenommen zu werden. Irgendwann begriff ich, dass ich es offenbar mit einem Politikum zu tun hatte." Sicher ist, dass später ein spezieller

Blick ins Cockpit des Airbus A300-600ST. Rolf Hannak auf dem linken Sitz mit seiner Crew auf dem Werksflughafen Hamburg-Finkenwerder. Flugvorbereitung für den Trip nach Toulouse. In gut zwei Stunden wird er auf dem Airport der französischen Luftfahrtmetropole landen.

BELUGA A300-600ST

Am 13. September 1994 hob der Airbusfrachter „Beluga" in Toulouse zu seinem Erstflug ab. Der gigantische Spezialtransporter mit der offiziellen Bezeichnung A300-600ST ersetzte seitdem die altersschwachen „Super Guppys", die bis dahin als Bindeglied zwischen den europäischen Airbus-Produktionsstätten unterwegs waren. Zwischen 1994 und 2001 entstanden fünf dieser Giganten auf der Basis des Airbus A300-600R, die von der eigens gegründeten deutsch-französischen Firma SATIC entwickelt und gebaut wurden.

Test und der Umstand zum Erfolg führten, dass Rolf Hannak längst muttersprachlich perfekt in Französisch war und seine Vielseitigkeit die Entscheidungsträger überzeugte. „Nicht auszuschließen", ergänzt er, „dass auch zusätzliche Bemerkungen deutscher Manager zum Thema ‚Gleichbehandlung der gleichberechtigten Airbus-Partner Frankreich und Deutschland' hilfreich waren!" Inzwischen sind auch drei Frauen und ein Belgier Mitglieder der Cockpitcrews.

Jedenfalls fliegt der gebürtige Hamburger seit 2005 als einziger Deutscher im Cockpit der Beluga durch ganz Europa, seit dem Jahr 2012 als Kapitän. Er ist längst integriert und vertritt seit Jahren die 62 Piloten inklusive Flight-Engineers als Pilotensprecher gegenüber der Geschäftsführung, wenn es um Beluga betreffende spezifische Fragen und Probleme geht.

Und wie fliegt sich der „dicke Koffer" nun, der bei Rolf Hannak schon vor dem Erstflug Begeisterung entfacht hatte? „Airbus bleibt Airbus. Das Grundkonzept ist einfach und beherrschbar wie der Basistyp A300-600. Kritisch wird es nur", relativiert er die Aussage, „bei stärkerem Wind in Bodennähe. Aufgrund des dicken Rumpfes, der wie ein gigantischer Auftriebskörper wirkt, ist der Bodeneffekt gewöhnungsbedürftig. Man muss schon aufpassen und rechtzeitig gegensteuern, wenn das Flugzeug seitwärts weggedrückt wird. Deshalb gibt es für einige Pisten, die wir anfliegen, Beschränkungen. In Chester sind das 20 bis 25 Knoten, in Finkenwerder ist die Landung wegen der Leewirkung, der Verwirbelung durch die Hallen, auf 23 Knoten Seitenwind limitiert." Als „Line-Training-Captain" schult er deshalb gern manuelle Anflüge, weil der Autopilot (Auto Throttle oder Auto Thrust System) sich bei manchen Landungen doch als etwas träge erweist. Und als Kapitän wird er auch in Zukunft in Europa unterwegs sein, zwischen Toulouse und Hamburg, nach Sevilla oder Madrid, nach Saint-Nazaire, Chester und den weiteren Produktionsstätten der europäischen Luftfahrtindustrie. Manchmal sind bis zu vier Stecken am Tag zu bewältigen, 400 bis 500 Flugstunden fallen pro Pilot im Jahr an. 2019 beginnt die Zukunft mit dem Nachfolger BelugaXL. „Ja", sagt Rolf Hannak, „wir alle freuen uns auf unseren zeitgemäßen neuen Arbeitsplatz im Cockpit der BelugaXL. Die ersten vier meiner Kollegen

machen gerade bei Air France ihr Type Rating auf dem Basisflugzeug A330, dessen Sidestick-Cockpit ja 1:1 für BelugaXL übernommen wird. Wenn die Phase der Testflüge im Frühjahr 2019 abgeschlossen ist, werden die ersten Streckenflüge mit den zukünftigen BelugaXL-Piloten beginnen. Auch für mich wird das eine neue Herausforderung sein, weil BelugaXL mit dem Flügelprofil des Airbus A330 noch präzisere Anflugverfahren erforderlich macht. Manchmal verhält sich der Transporter wie ein gigantischer Lastensegler!“

Rolf Hannak hat von seinem erfüllten Fliegerleben berichtet und zu erkennen gegeben, dass er zufrieden ist. Gibt es da aber nicht doch noch eine andere Aufgabe, die ihn reizen würde? Da leuchten die mittelmeerblauen Augen kurz auf und lassen vermuten, dass sie bei so manchen Verhandlungen auch eine gewisse Rolle gespielt haben: „Trotz aller Herausforderungen und Aufgaben, die meinen Beruf jetzt schon attraktiv und spannend machen, kann ich mir einen Wechsel zu den Airbus-Testpiloten gut vorstellen“, bemerkt Rolf Hannak eher beiläufig.

Gemessen an allem, was über ihn und seinen Werdegang zu erfahren war, könnte der Wunsch Realität werden.

Nahezu täglich unterwegs zwischen neun Airbus-Produktionsstätten in Europa und den beiden Endlinien in Hamburg-Finkenwerder und Toulouse. Dieses ältere Bild zeigt die Verladung eines Airbus-Rumpfhecks auf dem Vorfeld. Inzwischen erfolgt die Be- und Entladung in einem Hangar.

19. Juli 2018, elf Uhr Ortszeit, eine halbe Stunde nach dem Start zu seinem Erstflug. Der neue Transporter BelugaXL, unterwegs am nördlichen Rand der Pyrenäen. Gemessen an seinem Volumen wird Rolf Hannak demnächst das Vergnügen haben, das mit Abstand größte Frachtflugzeug der Welt kreuz und quer durch Europa zu fliegen.

UGA
F-WBXL

Urs Baltisberger

Ein Leben für die Fliegerei

Mit der Boeing 777-300ER baut Swiss ihr Langstreckengeschäft aus. Die Schweizer haben inzwischen zehn Flugzeuge dieses Typs eingeflottet. Die 777 sind mit je 340 Plätzen bestuhlt.

Urs Baltisberger, 1958 in Zofingen geboren, ist Boeing-777-Kapitän und zusätzlich auch Fluglehrer der Swiss für diesen Flugzeugtyp.

Bangkok-Suvarnabhumi, 13 Uhr. Zügig lässt Urs Baltisberger die Boeing 777-300ER der Swiss über das in der tropischen Mittagssonne extrem aufgeheizte Vorfeld des thailändischen Hauptstadtflughafens zur Startbahn 19L rollen. Nicht einmal dreieinhalb Stunden hatte die tags zuvor im frühlingsfrischen Zürich gestartete Triple Seven vor Ort verweilt, um in Kürze wieder Kurs Richtung Heimat zu nehmen. „Da hatten wir von der Crew schon etwas mehr Zeit“, bemerkt der Kapitän und verweist auf einen immerhin zweitägigen Aufenthalt in der asiatischen Metropole. Entsprechende Ruhezeiten sind nach Langstreckenflügen nun einmal Pflicht.

Erst vor dreieinhalb Stunden hat der Schweizer Jeans und Karohemd gegen die formelle Uniform mit den honorigen vier Streifen getauscht und die Verantwortung für den heutigen Flug LX181 übernommen, der für Swiss mehr ist als nur einer von unzähligen Rückflügen nach Europa. Statt üblicherweise drei sitzen vier Piloten im Cockpit, denn Baltisberger – zusätzlich auch Fluglehrer der Schweizer Airline auf diesem Flugzeugtyp – betreut den jungen Trainee Christian Galliker während dessen Umschulung vom Airbus- zum Triple-Seven-Piloten.

Sowohl für Start als auch für Landung sind die beiden auf den eigentlichen Pilotensitzen des Cockpits zu finden, Baltisberger links und der das Type Rating anstrebende Galliker rechts, so wollen es die Vorschriften. Die bereits erfahrenen 777-Kopiloten Stefan Steiner und Stephan Zitzer begnügen sich derweil mit den Jumpseats. Sie sind die Ablösung auf dem knapp elfstündigen Flug, der in wenigen Augenblicken mit dem für Laien nur schwer verständlichen physikalischen Umstand beginnt, dass 315 Tonnen Masse tatsächlich fliegen können, wenn sie nur genügend Schub bekommen. Und so fordert Baltisberger von den beiden gewaltigen GE90-115B-Triebwerken entsprechende Leistung, um den mit 340 Passagieren komplett ausgebuchten Zweistrahler geradezu federleicht abheben zu lassen.

Schule, Studium, Schule

Seit Teenagertagen bewegt sich der gebürtige Zofinger im dreidimensionalen Raum, als wäre er mit Flügeln auf die Welt gekommen. Und fragt man Schulkollegen von einst, dann stand es für sie eigentlich immer außer Frage, dass ihr Urs einmal in einem Cockpit Platz nehmen wird. Der großgewachsene Aargauer selbst wundert sich ob solcher Aussagen: „Gut, mein Vater hatte zwar eine

gewisse Affinität zur Luftfahrt und mich damit wohl angesteckt." Wenn beide in den 1970er-Jahren einen „Männertag" miteinander verbringen wollen, dann fahren sie zu einem Flugplatz und träumen sehnsüchtig den startenden Flugzeugen hinterher oder basteln gemeinsam an Modellflugzeugen.

Dennoch tragen die Baltisbergers als Besitzer eines mittelständischen Unternehmens Verantwortung für mehrere Angestellte. Der Tradition tatsächlich abschwören und die Firmenleitung irgendwann einmal nicht übernehmen? Das erscheint dem Junior, der mit 17 Jahren bereits Segelflieger ist, in jenen Tagen schwer vorstellbar. Also beginnt Baltisberger ein Maschinenbaustudium, das er mit Ehrgeiz durchzieht und im Sommer 1985 erfolgreich abschließt. Jetzt könnte er als Ingenieur durchstarten. Wenn ein Kommilitone dem zwischen Traum und Vorbestimmung Schwankenden in der Endphase des Studiums nur nicht wieder diesen Floh ins Ohr gesetzt hätte: „Komm, lass es uns mal bei der Swissair mit der Pilotenselektion versuchen."

Swissair! Der Stolz der Schweiz. Oftmals als beste Fluggesellschaft der Welt gerühmt. Ein Mythos. Und somit einer der begehrtesten Arbeitgeber des Landes. Um es kurz zu machen: Genau diese Fluggesellschaft will den Mittzwanziger, und somit muss Baltisberger nicht zweimal überlegen, zumal ihn sein Vater, Familienunternehmen hin oder her, nach Kräften in seinem Vorhaben unterstützt. „An der Diplomfeier habe ich gar nicht mehr teilgenommen, da saß ich schon in meinem Kurs an der SLS." Und eben jene Schweizerische Luftverkehrsschule bildet den frischgebackenen Universitätsabsolventen, der bereits während seines Studiums die

2010, anlässlich des 100-jährigen Jubiläums der Schweizer Luftfahrt, führte Swiss ihren ersten Formationsflug mit der Kunstflugstaffel der Schweizer Luftwaffe „Patrouille Suisse" durch. Im Cockpit der A330 saß Urs Baltisberger, damals noch A330/A340-Langstreckenkapitän.

Präsident und Fluglehrer: Urs Baltisberger zählt zu den engagiertesten Mitgliedern des Swiss Flying Clubs. Geschult wird unter anderem auf dieser Aquila A210.

SWISS

Swiss International Air Lines ist 2002 aus der schweizerischen Swissair und der Regionalairline Crossair hervorgegangen. Die Airline ist seit 2005 ein Tochterunternehmen der Lufthansa und Mitglied der Star Alliance. 2017 beförderte Swiss rund 17 Millionen Passagiere. Im Sommer 2018 stehen mehr als 100 Ziele in 43 Ländern im Flugplan. Zur Flotte gehören rund 80 Jets, zusätzlich wird auf mindestens zehn im Wetlease angemietete Flugzeuge zurückgegriffen.

BOEING 777-300ER

Die Triple Seven wurde Mitte der 1980er-Jahre entwickelt, um den Kunden im Segment zwischen 300 und 400 Sitzen ein attraktives Angebot machen zu können. 1994 feierte die 777-200, zwei Jahre später die 777-200ER ihren Erstflug. Die Boeing 777-300ER hob 2003 das erste Mal ab. Sie ist 73,86 Meter lang, hat eine Spannweite von 64,80 Metern und einen Rumpfdurchmesser von 6,18 Metern. Ihr maximales Abfluggewicht beträgt 351 Tonnen und die Reichweite 14.594 Kilometer. Mit mehr als 2.000 Bestellungen ist die Boeing 777 das erfolgreichste Großraumflugzeug aller Zeiten.

Privatpilotenlizenz (PPL) erworben hatte und für ein paar Franken Segelflugzeuge schleppt, in anderthalb Jahren zum Verkehrsflugzeugführer aus.

In die Warteschleife

Baltisberger ist angekommen. Dennoch muss er sich, wir schreiben das Jahr 1986, zunächst einmal in Geduld üben, denn die Swissair setzt ihn als Flugingenieur im Dreimann-Cockpit der DC-10 ein. Das bedeutet zwar den sofortigen Einsatz auf der Langstrecke, doch „für meinen Geschmack war die Arbeit im hinteren Teil des Cockpits auf Dauer etwas zu langweilig".

Die zweite Sprosse auf der Karriereleiter heißt MD-80. Mit drei Streifen auf zwei Schulterklappen nimmt Baltisberger 1988 erstmals als First Officer in einem Cockpit Platz. Mehr noch: Aufgrund seiner fliegerischen Kompetenz und seiner Persönlichkeitsstruktur wird er bald zum VFR(Visual Flight Rules = Sichtflugregel)-Fluglehrer der SLS befördert, fliegt 70 Prozent seiner Arbeitszeit im Swissair-Liniendienst und verbringt 30 Prozent mit der Grundausbildung von Piloten.

Insgesamt ist der stolze Swissair-Mitarbeiter rund anderthalb Jahre mit dem zweistrahligen Schmalrumpfflugzeug im Kurz- und Mittelstreckennetz unterwegs, als ihn an einem Dienstag, er weiß es noch heute, der Anruf mit der Aufforderung erreicht, dass er am darauffolgenden Montag die Umschulung auf die Boeing 747 beginnen soll. „Viele Kollegen wollten seinerzeit auf die MD-11 wechseln, die Swissair in jener Zeit für die DC-10 einflottete. Nur deshalb war für mich kurzfristig ein Platz für den Jumbo freigeworden", so Baltisberger.

Die Umstellung gleicht der vom Kleinwagen auf Lkw. Immerhin gilt es, statt 64 nun 375 Tonnen in die Luft zu bringen. Ob ihn diese Herausforderung vor Probleme stellte? Baltisberger muss schmunzeln: „Es wird schnell zur Normalität. Für mich begann auf dem Jumbo vielmehr eine großartige und aufregende fliegerische Zeit. Spannend vor allem deshalb, weil ich den Mix zwischen Fluglehrertätigkeit und Streckenoperation

Der Swiss Flying Club hat seinen Sitz in Hausen am Albis und somit eines der schönsten Trainingsareale weltweit vor der Haustür. Aus dem Hintergrund grüßt übrigens der „Grosse Mythen" – ein Wahrzeichen des Kantonalhauptortes Schwyz.

erleben durfte". Denn parallel zum Swissair-Alltag beschleunigt Baltisberger seine Karriere bei der SLS. Inzwischen ist er nicht nur in den Ausbildungsbereich Instrumentenflug (IFR) eingebunden, sondern betreut ganze Klassen.

Und seine Schüler hängen an seinen Lippen: Gestern Bombay, morgen Boston. Baltisberger landet mit der 747 etliche Male auf dem alten Hongkonger Flughafen Kai Tak und ist beinahe schon in New York zu Hause, dermaßen regelmäßig führen ihn die Einsätze dorthin.

Doch es ist für ihn nicht mehr als eine Zwischenstation. 1998 wechselt der Pilot – dem gemeinhin üblichen Rhythmus Kopilot auf der Kurzstrecke, Kopilot auf der Langstrecke, Kapitän auf der Kurzstrecke, Kapitän auf der Langstrecke folgend – vom rechten Sitz im Jumbo auf die linken Sitze in den seinerzeit neu in Dienst gestellten Flugzeugen der A320-Familie sowie der A330 und tauscht somit Steuerhorn gegen Sidestick. Für nicht wenige Flugzeugführer stellt das einen Paradigmenwechsel dar, für Baltisberger „war es eine Umstellung, aber eine machbare", versichert der Flieger, der eigenen Aussagen zufolge vielleicht sehr emotional fühlt, doch generell pragmatisch, sehr analytisch an Aufgaben herangeht. Naheliegend, dass der frischgebackene Airbus-Kapitän im Jahr 2000 flugs darauf auch Cheffluglehrer für die A320 wird.

Doch bald schon ziehen dunkle Wolken am bislang so ungetrübten Swissair-Himmel auf. Dafür sorgen die Anschläge des 11. Septembers 2001 in New York, die maßgebliche Auswirkungen auf die auf den Transatlantikstrecken überproportional stark vertretene Airline haben, sowie am 2. Oktober desselben Jahres schließlich das Grounding der Fluggesellschaft, das Baltisberger unvermittelt an seinem freien Tag trifft. „Es war wie ein Schlag. Ich hatte nichts geahnt, dabei hätten wir die Vorzeichen nur richtig interpretieren müssen." Plötzlich fehlt der Boden unter den Füßen, steht die Zukunft in den Sternen. „Bis zu diesem Tag hatte ich mir nie ernsthaft Gedanken machen müssen, wie es mit mir beruflich weitergeht. Alles hatte sich stets irgendwie ergeben."

Der erfahrene Flugzeugführer wird vor Fragen gestellt: Wie schreibe ich eine Bewerbung? Welche Airline stellt in schwieriger weltwirtschaftlicher Lage überhaupt ein? „Mein Studium? War viel zu lange her! Meine Chancen als Ingenieur auf dem Arbeitsmarkt waren gering." Doch Baltisberger entscheidet sich dafür, bei dem auf den 1. März 2002 terminierten Restart auf Crossair-Basis dabei zu sein, kann seine Cheffluglehrerfunktion behalten und wechselt später in derselben Funktion auf die A330/A340.

Nun also Swiss statt Swissair. Ein aktiv gestalteter Neubeginn für alle, die nach vorn und nicht zurückschauen. Zum Glück, denn die ab 2005 unter die Flügel der Lufthansa geschlüpfte Airline involvierte den Airbus-Langstreckenkapitän ab 2015 in ein Projekt, vom dem er noch heute zehrt: die Einflottung der Boeing 777-300ER.

Heute 777, morgen Ju 52

Baltisberger ist bei Swiss Triple-Seven-Kapitän der ersten Stunde und verantwortet darüber hinaus von Beginn an das gesamte 777-Pilotentraining. Aus Überzeugung: „Der Airbus ist aufgrund der komplexen Systeme, der umfangreichen computergesteuerten Unterstützungen für die Piloten, eher ein Ingenieursflugzeug. Die sehr robust gebaute Triple Seven dagegen ist für mich ein klassisches Piloten-Flugzeug." Und das entspreche ihm sehr.

Doch der Widebody hat seine Macken. „Beispielsweise, wenn man im Landeanflug die Geschwindigkeit verringert, braucht es viel Energie, um das wieder zu korrigieren", schärft der Cheffluglehrer jungen Nachwuchskräften ein, deren Ausbildung ihm nach wie vor sehr am Herzen liegt.

„Ich musste seinerzeit nichts für meine Ausbildung bezahlen, im Gegenteil: Unsere Pilotengeneration war bereits während der Ausbildung bei Swissair angestellt und erhielt damals schon Gehalt. Selbst die Spesen bei Aufenthalten in Vero Beach im US-Bundesstaat Florida, wo Teile des praktischen Unterrichts stattfanden, wurden teilweise bezahlt", erinnert sich Baltisberger.

Heute sehe die Situation industrieweit anders aus, auch wenn angehende Piloten bei Swiss von Subventionen und zinslosem Darlehen profitieren, sodass das aufzuwendende Eigenkapital im Vergleich gering ausfalle. „Mir wurde so viel ermöglicht, deshalb möchte ich der aviatischen Jugend heute

etwas zurückgeben." Nicht nur, dass er sich als Präsident und Fluglehrer des Swiss Flying Clubs, der seinen rund 100 Mitgliedern dank dreier Kleinflugzeuge wieder das pure Fliegen zu möglichst günstigen Bedingungen erlaubt, ehrenamtlich engagiert.

Darüber hinaus spendet er auch jedes Jahr zwei Wochen seines Jahresurlaubs für „Sphair" – eine Ausbildungsplattform der Schweizer Luftwaffe, die primär der Suche nach schweizerischen Aviatiktalenten dient. „Die Jugendlichen können im Rahmen des Angebotes für wenig Geld testen, ob sie für die Laufbahn geeignet sind." Außerdem erreicht Baltisberger, der sich in schweizerischen Fliegerkreisen inzwischen einen bedeutenden Namen gemacht hat, die Anfrage, ob er bei JU-AIR anfangen möchte, Mitte 2016 nicht völlig überraschend. Es freut ihn vielmehr! Denn mit 62 Jahren wird der jugendlich wirkende Aargauer seinen aktiven fliegerischen Dienst bei der Swiss quittieren müssen, so will es der Gesamtarbeitsvertrag. Da ist es gut, wenn im Ruhestand nicht nur ein Rasenmäher auf ihn wartet, sondern auch die eine oder andere neue aviatische

Ein Oldtimer für den Piloten der Neuzeit: Urs Baltisberger genießt jede Sekunde im Cockpit der Ju 52.

Rundflug in einer Ju 52 der schweizerischen JU-AIR mit Blick auf den 2.893 Meter hohen Nüschenstock in den Glarner Alpen.

Herausforderung. Denn Fliegen, davon sind Familie und Freunde überzeugt, ist Baltisbergers Leben. Und die Ju 52, Baujahr 1939, ist genau der Flugzeugtyp, auf dem der erfahrene Verkehrsflugzeugführer seine bis dato aufregende, immer gradlinig auf der Karriereleiter nach oben führende fliegerische Laufbahn fortsetzen möchte, selbst wenn er dafür zunächst einmal rechts auf dem Kopilotensitz Platz nehmen muss.

In der alten Tante ist er wieder Lehrling statt Meister, schaut seinen Ju-erfahrenen Kollegen über die Schultern, lässt sich gerne anleiten und korrigieren. Denn: „Ich finde es nach wie vor spannend, mich auf etwas Neues einzulassen.“ Der Pilot der Neuzeit genießt jede Sekunde in dem Oldtimer, auch wenn er auf engstem Raum und aufgrund der nostalgischen Technik mit erheblich größerem Kraftaufwand zur Sache gehen muss als in seiner Triple Seven. Fly-by-Wire oder Autopilot waren vor acht Jahrzehnten noch gänzlich unbekannt. Lediglich die Navigations- und Kommunikationstechnik ist in den beiden Wellblech-Adlern der Ju-Air, die für Rundflüge eingesetzt werden, auf dem neuesten Stand.

Auf den tragischen Unfall eines dieser Flugzeuge im August 2018 angesprochen, reagiert Baltisberger natürlich bedrückt: „Das war ein schwarzer Tag in der Geschichte dieses wunderbaren Flugzeuges.“ Von dem der passionierte Hosenbodenflieger nur ungern lassen würde.

„Ob ich für die Fliegerei geboren bin?“ Baltisberger denkt lange nach: „Ich weiß es nicht. Ich musste viel lernen, wie alle anderen auch. Aber wenn ich mich einer Sache verschreibe, dann zu 100 Prozent.“ Sprachs und fügt bescheiden hinzu: „Ich bin einfach froh, dass ich in der Fliegerei gelandet bin.“

Thomas Wilhelm

Als deutscher Testpilot in Toulouse

Thomas Wilhelm ist mit den Cockpits aller Airbusmuster vertraut. Besonders verbunden fühlt er sich dem Airbus A330neo. Als Projekt-pilot gehörte er im Herbst 2017 beim Erstflug zur Testcrew.

neo
A330 AIRBUS

Nach dem erfolgreichen „Customer Acceptance Flight" (CAF) posiert Thomas Wilhelm vor einem der beiden Triebwerke des brandneuen Airbus A350-900. Wenige Tage nach dieser letzten Prüfung des Flugzeugs auf Herz und Nieren erfolgte die Auslieferung an die Lufthansa, die den Airbus seitdem von München aus einsetzt.

Eine Airline, die 250 bis 300 Millionen für ein neues Verkehrsflugzeug an den Hersteller zu überweisen hat, darf auf ein technisch und optisch makelloses Produkt hoffen. Und Thomas Wilhelm gehört bei Airbus in Toulouse als Testpilot zu den Mittlern zwischen Kundschaft und Verkaufsmanagement, die verpflichtet und daran interessiert sind, den Vertretern der Fluggesellschaften die perfekte Qualität zu präsentieren. Die orientieren sich ihrerseits, vor der Übernahme eines Flugzeugs und der Bankanweisung des vereinbarten Kaufpreises, an dem Motto „Vertrauen ist gut, Kontrolle ist besser!" Und so trifft also dieser Slogan auch heute ins Schwarze und schwebt wie eine Mahnung über der Crew des Airbus A350-900, der sich offiziell noch im Besitz des europäischen Luftfahrtkonzerns befindet und in wenigen Tagen in die Flotte der Lufthansa integriert werden soll. Aber nur dann, wenn alles zur Zufriedenheit des Käufers verläuft. Die Männer im Cockpit des brandneuen Zweistrahlers kennen und schätzen sich seit langem. Allen ist dieser Flugzeugtyp bestens vertraut, und in Sachen Qualifikation kann keiner dem anderen etwas vormachen. Vorn links sitzt Andreas Jasper, stellvertretender Flottenchef A350 von Lufthansa. Die LH-Basis München hat ihn nach Toulouse beordert, um die Nr. 7 des Großraumjets mit dem Taufnamen „Mannheim" vor seiner Übernahme auf Herz und Nieren zu prüfen. Lufthansa hat insgesamt 25 Flugzeuge vom Typ Airbus A350-900 bestellt. Die bereits an die Gesellschaft übergebenen sind seit Januar 2017 auf der Langstrecke unterwegs; nach Hongkong und Tokio oder nach Mumbai und Peking. Und für jedes der Flugzeuge ist, nach dem Erstflug in Toulouse, ein aufwendiges mehrstündiges Verfahren vorgeschrieben, von dessen Ergebnis es der Kunde abhängig macht, ob die Kaufsumme auf das Konto von Airbus überwiesen werden kann. Wir sind, ausnahmsweise, an Bord während eines Customer Acceptance Flights (CAF).

Jede Kleinigkeit ist wichtig

Der Begriff vermittelt, worum es geht: die Abnahme des neuen Flugzeugs durch Vertreter der Lufthansa, denen sowohl im Cockpit als auch in der geräumigen Kabine keine Kleinigkeit entgehen wird. Sie sind es, die im Auftrag ihrer Fluggesellschaft dieses Hightechprodukt so zu akzeptieren haben oder eben auch nicht, falls sich Mängel offenbaren.

Das Flugzeug hat nach dem Rollout in Toulouse bereits zwei Testflüge absolviert,

wobei alle Systeme in unterschiedlichen Fluglagen und Geschwindigkeitsbereichen auf der Grundlage des „Production Aircraft Test Manual" (PATM) von Thomas Wilhelm und seinem Flugtestingenieur kontrolliert und mit den Vorgaben abgeglichen worden sind. Vom Ergebnis ist abhängig, ob der Airbus eine Verkehrszulassung und damit die Freigabe der zuständigen Luftfahrtbehörden für den Linieneinsatz bei einer Luftverkehrsgesellschaft erhält. Und nun also soll die A350 noch einmal gequält, soll in Anwesenheit der Piloten und Prüfer des zukünftigen Eigners Lufthansa in Grenzbereiche manövriert werden, die im späteren Betrieb dem Flugzeug und seinen Passagieren erspart bleiben.

Thomas Wilhelm, der heute bei diesem Acceptance Flight offiziell die Verantwortung trägt, ging 1985, unmittelbar nach dem Abitur, zur Bundeswehr und absolvierte die Ausbildung zum Fallschirmspringer. „Als mir das ewige Gehüpfe zu langweilig wurde, beschloss ich, selbst zu fliegen und wechselte nach dem Wehrdienst als Offiziersanwärter zur Luftwaffe." Seine ersten fliegerischen Erfahrungen sammelte Thomas Wilhelm auf der Piaggio 149D bis zum Alleinflug nach 18 Stunden Ausbildung. Zufall oder Bestimmung? Jedenfalls beendete er das anschließende Maschinenbaustudium, Fachrichtung Luft- und Raumfahrt, mit einer Diplomarbeit über ein Programm zur Auswertung von Flugversuchsdaten. Danach folgten die Ausbildung an der Verkehrsfliegerschule der Lufthansa in Bremen auf den Mustern Beech Bonanza und Piper Cheyenne und die Musterberechtigung für die C160 Transall. „1999, nach vier Jahren Erfahrung bei den Lufttransportgeschwadern 62 in Wunstorf und 61 in Penzing fragte mich mein damaliger Kommodore, ob ich Lust hätte, Erprobungsluftfahrzeugführer in Manching zu werden. Ich hatte." Nach der

Konzentration im Cockpit während des Abnahmeflugs entlang der Pyrenäen zum Mittelmeer im Auftrage der Lufthansa. Flugtestingenieur Matthias Queck von Airbus in Toulouse informiert First Officer Andreas Eder von Lufthansa über das anspruchsvolle Flugprogramm. Andreas Jasper von Lufthansa (vorn links) und Thomas Wilhelm steuern das fabrikneue Flugzeug.

19. Oktober 2017: Landung des damals jüngsten Mitglieds der Airbusfamilie, der A330neo, nach vier Stunden und 13 Minuten. Ein ausgesprochen erfolgreicher Erstflug, und Thomas Wilhelm hatte als Projektpilot im Cockpit die Ehre.

Thomas Wilhelm (Bild unten, links) mit seinem Testflugkollegen Thierry Burgos und Testflugingenieur Alain Pourchet vor dem Rumpf des neuen Airbus A330neo nach dem Erstflug auf dm Flugfeld von Toulouse.

Ausbildung auf Dornier 228 und Alpha Jet sowie Einweisungs- und Trainingsflügen auf Tornado, Phantom und den Hubschraubern Bo 105 und UH-1D absolvierte Thomas Wilhelm einen Lehrgang an der Empire Test Pilot School in Boscombe Down, England.

Erfahrung als Basis

Die damalige Typenvielfalt vom Segelflugzeug über einmotorige Propellerflugzeuge bis zum Jagdbomber hatte es ihm besonders angetan. Anschließend flog er Missionen wie Fallschirmerprobung von Lastenfallschirmen und GPS-gesteuerten Lasten und näherte sich mit der ihm übertragenen Betreuung des Beschaffungsprogramms Airbus A400M Schritt für Schritt seinem heutigen Arbeitgeber.

2009, zu Beginn der ersten Zulassungsflüge, wurde er von der Bundeswehr nach Toulouse versetzt und verbrachte als deutscher Projektpilot 1.100 Stunden am Steuer des A400M und im Simulator. Die verantwortungsvolle Tätigkeit war der „Türöffner“ für seine anschließende Verwendung als Testpilot bei Airbus. Seitdem ist er mit den Cockpits aller zivilen Airbusmuster vertraut, als Projektpilot besonders mit dem des Airbus A330neo. Mit dem ersten der drei Prototypen dieses jüngsten Mitglieds der Airbusfamilie hat Thomas Wilhelm am 19. Oktober 2017 den erfolgreichen Erstflug absolviert. Gemeinsam mit seinem Kollegen Thierry Burgos und dem Testflugingenieur Alain Pourchet war er vier Stunden und 13 Minuten in der Luft – ein besonderer Tag also, den sich auch ein Testpilot rot im Kalender anstreicht.

Toulouse, Startbahn 14 Rechts, 10.45 Uhr Ortszeit. Auf großen Monitoren in der Kabine wird die jeweilige Fluglage, übermittelt von drei Kameras, dokumentiert. Höchste Konzentration im Cockpit, das trotz seiner Geräumigkeit heute etwas beengt wirkt. Die Wolkendecke reißt planmäßig auf, als Andreas Jasper die beiden Schubhebel bis zum Anschlag nach vorn drückt. Rechts neben ihm sitzt der 53-jährige Wilhelm, der formal als Kapitän Verantwortung für diesen Flug trägt, weil das Flugzeug erst nach diesem Acceptance Flight in den Besitz der Lufthansa übergehen wird, wenn alles reibungslos verläuft und sich keine Beanstandungen ergeben. Unmittelbar nach der von Toulouse Tower erteilten Takeoff Clearance, werden im Cockpit die Schubhebel auf TOGA gesetzt und damit den beiden Triebwerken der maximal mögliche Startschub abverlangt.

Zügig und dabei überraschend geräuscharm schießt das erfolgreiche Produkt des Airbuskonzerns in extrem steilem Anstellwinkel in den blauen Himmel über Blangnac, normalerweise wird mit etwa 20 Prozent geringerem Schub gestartet. Rechts vom Kurs die schneebedeckten Pyrenäen, Steigflug in Richtung Narbonne und Mittelmeer.

Zu den Aufgaben dieses Acceptance Flights wird es nun gehören, die durch den Flugsteuerungscomputer begrenzten maximal möglichen Werte zu erfliegen und dabei zugleich zu ermitteln, ob sich bei dieser außergewöhnlichen Belastung evtl. Steckverbindungen lösen, ob alle Anbauteile den Vibrationen widerstehen, ob sich anormale Geräusche entwickeln, ob die Triebwerke synchron arbeiten. Irgendwann, etwa zehn Minuten nach dem Start, beginnt der Magen auf die Eingeweide zu drücken. Die Crew hat den Airbus abrupt in den extremen Steigflug gesteuert und mutet

AIRBUS A330
neo

A330

Als deutscher Projektpilot betreute Thomas Wilhelm den Airbus A400M seit der Zeit der ersten Zulassungsflüge im Jahre 2009. Alles in allem hat er im Cockpit und im Simulator des neuen europäischen Militärtransporters 1.100 Stunden zugebracht.

sich und den Gästen in der Kabine nun ihr doppeltes Körpergewicht zu, weil mit dem Manöver laut Testprogramm G-Loads von 2,0 g erreicht werden müssen. Unmittelbar darauf empfinden jene Passagiere, die noch keine Kunstflugerfahrungen sammeln konnten, mit der Hälfte ihres Körpergewichts bei 0,5 g eine gewisse Leichtigkeit des Seins, weil der Airbus knapp nach dem Steigflug in den Sinkflug gesteuert wird. Das Manöver belastet zugleich und im selben Maße die Struktur des kompletten Flugzeugs: Vor zwei Minuten, beim 30-Grad Steigflug, „wog" es noch das Doppelte, nun, bei 15 Grad Sinkflug, nur noch die Hälfte.

Aus dem Cockpit wird die Kür angekündigt. Der Testpunkt, der von Thomas Wilhelm bei jedem Erstflug und auch beim Acceptance Flight vom Piloten der Airline bewältigt werden muss, die das Flugzeug übernehmen will, betrifft die vom Flugsteuerungscomputer begrenzte maximale Schräglage: 67 Grad nach links, anschließend 67 Grad nach rechts. Die vorgeschriebenen Testverfahren für Klimaanlage, Navigation, Radiokommunikation, Datenaustausch und Wetterradar sind auf dem Weg ins „Oberhaus des Luftraums" abgearbeitet worden. Von Flugfläche 430 geht es mit rasanter Speed gut 20 000 Fuß nach unten, wobei mit Mach 0,88 VMO erreicht wird, das entspricht 88 Prozent der Schallgeschwindigkeit.

„Das neueste Flugzeug ist immer das beste"

Hunderte von Überprüfungen und Testverfahren sind, ohne die kleinste Abweichung von Vorgaben und Norm, bestanden worden, im Schnitt sind das mehrere pro Flugminute. Im Cockpit nach wie vor konzentrierte, routinierte Aufgabenbewältigung, aber auch ein wenig Entspannung und Gelegenheit, Glücksgefühle zu entwickeln. „Mensch," entfährt es Andreas Jasper in Richtung Airbus-Testcrew da ziemlich euphorisch, „Ich habe heute richtig Spaß gehabt." Thomas Wilhelm erwidert, dass er das ähnlich sieht und auch nichts anderes erwartet habe. Lufthansa-Pilot Andreas Jasper konnte von Thomas Wilhelm von der Verarbeitungsqualität des Flugzeugs und den Flugeigenschaften überzeugt werden. „Für mich ist das neueste Flugzeug grundsätzlich das beste", sagt er, und Thomas Wilhelm stimmt dem zu.

Im Cockpit steht derweil noch eine wichtige Aufgaben bevor, die Funktionsprüfung der Hydrauliksysteme und das Verfahren bei deren Totalausfall. Normalerweise verfügt ein Airbus über drei Hydrauliksysteme. Beim A350 verzichtet man auch aus Gewichtsgründen auf eines davon und garantiert dennoch eine zuverlässige Funktion der Flugsteuerung. Statt des dritten Hydrauliksystems hat sich Airbus für elektrohydraulische Stellmotoren an Flügelklappen, Spoilern und Rudern entschieden. Im unwahrscheinlichen Fall, dass beide Hauptsys-

teme ausfallen, übernimmt das neue System. Während der Autopilot die Flugsteuerung garantiert, kann die Crew in aller Ruhe die Ursache des Ausfalls der beiden Hydrauliksysteme ergründen. Der Test dieser neuen Airbus-Entwicklung, die auch bei der A380 eingesetzt wird, verläuft nach dem Ausschalten der beiden Hydrauliksysteme einwandfrei und gibt der Crew Gelegenheit, sich auf die letzte Übung dieses Acceptance Flights zu konzentrieren. Der Airbus-Testpilot hält diese Innovation im Sinne der Flugsicherheit für wegweisend.

Auf dem Weg vom Mittelmeer zurück nach Toulouse erzählt Thomas Wilhelm, dass er sich nicht nur beruflich in Südfrankreich wohl fühlt. Der 53-jährige Vater von drei Töchtern, einer von den insgesamt 35 Testpiloten des europäischen Flugzeugbauers, genießt das Flair und die Lebensart dieser sehr europäischen Stadt, in der seine Frau als Lehrerin an der Deutschen Schule unterrichtet.

Letzte Amtshandlung im Cockpit. Wie verhält sich das Flugzeug im sogenannten „low speed handling"? Wir sind östlich von Toulouse über unbewohntem Gebiet im Bummelflug unterwegs. Das Manöver wird im Höhenbereich zwischen Flugfläche 140 und 100 geflogen. Klappen in Landekonfiguration, Fahrwerk ausgefahren, Nase hoch und Reduzierung auf 110 Knoten. Normalerweise liegt die Anfluggeschwindigkeit für die A350 bei 140 Knoten. Mit leisem Rütteln und Schütteln besteht die Neuerwerbung der Lufthansa auch diese Prüfung und landet nach zweistündigem Abnahmeflug wieder auf dem Flughafen von Toulouse. Alle im Cockpit sind zufrieden, auch Thomas Wilhelm, für den das Fliegen Passion und Beruf zugleich ist und der sich keinen anderen Job vorstellen kann.

Gelandet auf der Piste 04 von Toulouse nach zweistündigem Test- und Abnahmeflug. Wieder einmal gab es nichts zu beanstanden, obwohl der Airbus A350-900 zwischendurch an einige Belastungsgrenzen heranmanövriert und in Fluglagen gesteuert wurde, die dem normalen Passagier erspart bleiben.

Rena Achten

Mit dem Kopf in der Luft und den Füßen auf dem Boden

Die A380 ist das größte in Serienfertigung produzierte zivile Verkehrsflugzeug in der Geschichte der Luftfahrt.

Von links nach rechts: Kapitänin Rena Achten sowie die beiden Senior First Officers Caroline Schipke und Tim Faltz im Cockpit einer A380.

Anflug auf Singapur bei relativ schlechter Wetterprognose. Heute wird die Chefin selbst landen: Rena Achten, A380-Kapitänin der Lufthansa. Schon einmal seit dem Start in Frankfurt ist die D-AIMM, die den Namen „Delhi“ trägt, mitsamt den Passagieren ordentlich durchgerüttelt worden, jetzt sorgen abermals Turbulenzen für schwappende Kaffeebecher und Achterbahngefühle in der Magengegend. „Vielleicht werden wir ein bisschen kreisen müssen“, hatte die erfahrene Flugzeugführerin noch zwei Stunden vor der geplanten Landung geschätzt, doch tatsächlich erweist sich die Situation über dem südostasiatischen Stadtstaat mittlerweile wieder als etwas entspannter. Die Gewitter haben sich verzogen, sind ein wenig nach Westen gewandert, nichtsdestotrotz beschäftigen die Ausläufer das eingespielte Cockpit-Team nach wie vor.

Während der vorne rechts sitzende Kopilot Tim Faltz den Funkverkehr übernimmt, hat Senior First Officer Caroline Schipke Platz auf dem Jumpseat genommen und sowohl die Wetterkartengrafik auf dem Bildschirm als auch die realen Wolkenformationen voraus im Blick. Gemeinsam gehen die Drei die Daten für die Landung durch. Mit nur 355 Tonnen Gewicht, am Start vor elfeinhalb Stunden waren es noch 508 Tonnen, erwartet die Kapitänin ein sportliches Aufsetzen des förmlich zum Leichtgewicht mutierten Riesenairbusses. „Auch bei der A380 gilt das Motto: je schwerer das Flugzeug, desto sanfter die Landung.“ Doch das hier ist kein Wunschkonzert! „Flaps full“, kündigt die 55-Jährige nach Rücksprache mit ihrem Team an und lässt die „Mike Mike“ Minuten später geschmeidig auf die Landebahn aufsetzen.

Mühelos sah es aus, durchaus spielerisch. Die Konzentration, mit der zu Werke gegangen wurde, hat man der gänzlich unaufgeregt wirkenden, vielmehr in sich selbst zu ruhen scheinenden Rena Achten nicht angemerkt. Trotz, vielleicht aber auch wegen des anregenden Matcha-Tees, den sie ein, zwei Stunden zuvor getrunken hat. „Mein Doping für die Landung", so die gebürtige Norddeutsche mit einem augenzwinkernden Lächeln.

Als Rena Achten 1963 im niedersächsischen Diepholz geboren wird, ist es für ihren Arbeitgeber noch undenkbar, eine Frau in einem Lufthansa-Flugzeug ans Ruder zu lassen. Bis in die frühen 1980er-Jahre hinein weigert sich die Verkehrsfliegerschule beharrlich, Flugschülerinnen aufzunehmen. Erst die Klage einer Interessentin führt zum Einlenken und 1986 zur Aufnahme zweier Kadettinnen. Die Medien überschlagen sich, und auch Rena Achten, zu jenem Zeitpunkt seit zwei Jahren Flugbegleiterin bei Condor, verfolgt die Entwicklung im Konzern mit größtem Interesse, eröffnet sie ihr doch bisher ungeahnte Perspektiven.

Trotz bestandenen Abiturs ahnt die in einem kleinen erzkatholischen 400-Seelen-Dorf an der niederländischen Grenze aufgewachsene junge Frau noch nicht, welchen Weg sie einmal beruflich einschlagen wird. Alles, was die 19-Jährige weiß, ist, dass sie mit Menschen, Technik und Fremdsprachen zu tun haben möchte. „Mehr aus Verlegenheit habe ich deshalb zunächst einmal ein Sprachenstudium in Köln begonnen." Englisch und Spanisch. Doch ist das tatsächlich das Richtige für sie?

Bereits nach drei Semestern erscheint ihr eine Neuorientierung sinnvoll. Sie bewirbt

Lufthansa hat die meisten ihrer A380 in Frankfurt stationiert. Insgesamt betreibt das Unternehmen 14 Airbusse dieses Typs. Fünf davon werden ab München eingesetzt.

Rena Achten nahm 1988 ihre Ausbildung an der Verkehrsfliegerschule der Lufthansa in Bremen auf.

sich bei zwei Fluggesellschaften als Flugbegleiterin. Um Zeit fürs Nachdenken zu gewinnen. Beide Airlines möchten sie einstellen, und weil ihr Condor eine Stationierung in ihrer neuen Heimat Düsseldorf anbietet, unterschreibt Rena Achten den vom Ferienflieger vorgelegten Arbeitsvertrag nur zu gern. „Ich bin von Natur aus neugierig, immer vom Wunsch beseelt, etwas Neues zu erkunden und zu entdecken, aber eben auch sehr bodenständig", begründet sie heute ihre damalige Wahl. Sie braucht trotz aller Träumerei von fernen Ländern und fremden Kulturen für ihre innere Balance den regelmäßigen direkten, erdenden Kontakt zu Familie und Freunden. „Mit dem Kopf in der Luft und den Füßen am Boden." Diese Charakterisierung trifft es ihrer Meinung nach am besten. Insofern passen Condor und Rena Achten ideal zusammen. Zumindest zeitweise.

Denn am Ziel sieht sich die junge Frau noch lange nicht. Sie mag ihren Beruf, doch zusehends reizt es sie, was vorne im Cockpit passiert. Sie beobachtet, wann immer es möglich ist, stellt Fragen. Und als ein Flugkapitän Rena Achten im Anschluss an eine Diskussion über die Relativitätstheorie schließlich fragt, warum sie sich nicht für die neuerdings bei Lufthansa auch Frauen offen stehende Pilotenausbildung bewerbe, hält sie das zunächst für einen Scherz. Doch die Initialzündung ist erfolgt. Nur das Selbstbewusstsein kann in jenen Tagen noch nicht so ganz mit ihrem Berufswunsch Schritt halten: „Wider Erwarten bestand ich mein Assessment", die überaus anspruchsvollen Aufnahmetests. Von denen anfangs niemand etwas wissen darf. Nicht einmal ihre Eltern.

Eine Frau unter Männern

1988 ist also das Jahr, in dem Lufthansa die ersten ausgebildeten Pilotinnen in den Liniendienst schickt und Rena Achten nahtlos von Condor, wo sie sich quasi bis zur letzten Minute das nötige Geld für die Ausbildung verdient, zur konzerneigenen Verkehrsfliegerschule nach Bremen wechselt. Als einzige Frau des Lehrganges unter lauter jungen

Männern, geschult von einem durchweg männlichen Personal, startet sie in ihre zweieinhalbjährige Ausbildung zur Verkehrsflugzeugführerin. Doch damit kann die 25-Jährige, die mit drei Brüdern aufgewachsen und keineswegs auf den Mund gefallen ist, umgehen. Noch haben sich schließlich nicht alle Beteiligten an eine Frau im Kurs gewöhnt. Die Unsicherheit im Umgang mit ihr ist zu Beginn spürbar. „Manche Witze wurden anfangs eben nicht gerissen, wenn ich im Raum war.“ Andererseits wird sie von ihren durchweg jüngeren Mitschülern ob ihrer vermeintlichen Lebens- und tatsächlich vorhandenen Branchenerfahrung als Flugbegleiterin schnell zur Kurssprecherin gewählt.

Die praktische Ausbildung erfolgt unter anderem in Goodyear nahe Phoenix im US-Bundesstaat Arizona, wo die Mittzwanzigerin eine intensive Zeit verlebt. Geschult wird sie auf einmotorigen Beech Bonanza und später auf zweimotorigen Beech Baron. Die Flugschülerin lernt das Fliegen von der Pike auf, wird bereits nach wenigen Stunden solo in die Luft entlassen. Denkt dabei noch: „Hoppla, das ist aber ein bisschen früh, oder?“ Doch die Ausbilder wissen, was sie tun – mehr noch: Sie fördern ihre Schüler nicht nur, sie fordern sie auch, Tag für Tag. „Frühmorgens, im Winter, sind wir in Teams dickverpackt aufgrund der Kälte in die Flugzeuge eingestiegen, mittags drückte dann bereits die Hitze, und die ewige Thermik sorgte überdies für fahle Gesichter bei denjenigen, die hinten saßen und ihr Airwork entweder noch vor sich oder bereits hinter sich hatten.“ Abends spürt sie, was sie tagsüber geleistet hat.

Zurück in Bremen setzt Rena Achten die Ausbildung, insbesondere das Instrumentenflug-Training, auf Piper PA-42 Cheyenne fort und beschließt sie mit der Musterberechtigung für Boeing 737, auf der sie 1990 als Zweiter Offizier in den Liniendienst startet.

1990 startete Rena Achten als Kopilotin auf der Boeing 737 in den Liniendienst.

Die „Bobbies“ sind bei Lufthansa in jenen Jahren das Rückgrat auf der Kurz- und Mittelstrecke. Flugstunde um Flugstunde gilt es für die frischgebackene Pilotin auf den Arbeitsbienen zu sammeln. Schnell wird sie Erster Offizier auf der Boeing 737, wechselt dann allerdings 1994 in derselben Position auf die inzwischen in die Lufthansa-Flotte integrierte A320-Familie. „Auch, um besser beurteilen zu können, ob ich irgendwann lieber auf einem Airbus- oder Boeing-

LUFTHANSA

Die Lufthansa wurde am 1. April 1955 gegründet, ist Teil des Lufthansa-Konzerns und heute eine der größten Fluggesellschaften weltweit. Wegen des Firmenlogos wird die Lufthansa gerne als „Kranich" bezeichnet. Dieser wurde bereits bei der 1926 aus der Taufe gehobenen Luft Hansa verwendet, die 1933 in Lufthansa umbenannt wurde, aber rechtlich gesehen nicht die Vorgängerin des heutigen Carriers darstellt. 2017 hat Lufthansa rund 66 Millionen Passagiere befördert. Derzeit werden etwa 350 Flugzeuge zu mehr als 200 Zielen weltweit eingesetzt.

A380

Airbus hat mit der A380 Mitte der 2000er-Jahre ein Flugzeug auf den Markt gebracht, das bis dato gekannte Dimensionen sprengte: Mit ihrer Länge von 73 Metern und einer Spannweite von nahezu 80 Metern passt die A380 nicht auf jeden Stellplatz oder Rollweg. Und eine Kapazität von 500, 600 oder gar bis zu 800 Fluggästen lässt sich nicht auf allen Verbindungen regelmäßig füllen. Deshalb wird die A380 nur zu wenigen Flughäfen weltweit, auf besonders aufkommenstarken Verbindungen, eingesetzt.

Muster auf die Langstrecke wechseln möchte." Denn das ist der natürliche Verlauf einer Fliegerkarriere beim Kranich.

Rena Achten – in jenen Jahren jedoch eine Pilotin, die beim Fliegen fühlen möchte, die ein taktiles Feedback schätzt – entscheidet sich schließlich für die Boeing 747-400. 1997 nimmt sie erstmals auf einem rechten Sitz im Jumbo Platz, steigt vom First zum Senior First Officer auf, und fängt an, auch Asien und Südamerika zu erkunden. Sie lernt Hongkongs legendären Flughafen Kai Tak ebenso kennen wie so manche Destinationen in Indien. Der Globus hat keine Grenzen mehr. Als die Qualifizierung zur Kapitänin ansteht, die üblicherweise zunächst im Kurzstreckenbereich erfolgen würde, zieht es sie sogar wieder zurück zur konzerneigenen Ferientochter Condor, denn die Boeing 757 und 767 werden sowohl innerhalb Europas, aber eben auch zu exotischeren Destinationen eingesetzt.

Vielleicht wäre sie heute noch dort, denn „ich habe die Zeit bei Condor sehr genossen". Die schwierige Marktsituation zu Beginn des neuen Jahrtausends hingegen führt zu einer partiellen Abspaltung der Condor vom Kranich. Das Sanierungsprogramm des neuen Teilhabers Thomas Cook fordert, vorübergehend rund zwei Dutzend Kapitäne von der Lohnliste zu streichen. Rena Achten meldet sich freiwillig, kehrt zurück ins zugegebenermaßen warme Lufthansa-Nest und lenkt fortan A320 verantwortlich quer durch Europa.

Anfängliche Skepsis

Ein Airbus für die Hosenbodenfliegerin! Die Kapitänin lacht: „Meine Ressentiments gegen das technologisch hochgerüstete Flugzeug hatte ich längst abgelegt." Trotz ihrer anfänglichen Skepsis der A380 gegenüber gewinnt schnell die Neugier in Rena Achten die Oberhand. „Niemals wollte ich ein Flugzeug, ein solches Dickschiff, fliegen, das nur zu einer überschaubar kleinen Anzahl an Zielen auf diesem Globus eingesetzt wird." Doch inzwischen reizt sie die hochmoderne Technologie.

Seit 2016 ist das übersichtlich, großzügig und praktisch aufgebaute Cockpit der A380 ihr Arbeitsplatz. Der Luftfahrt-Olymp scheint erklommen. Die Behauptung, Rena Achten wäre somit am Ziel ihrer Träume angekommen, relativiert die Kapitänin jedoch schnell: „Als Kind und als Jugendliche habe ich nicht davon geträumt, Pilotin zu werden, weil das in jenen Tagen für eine Frau fast unmöglich war." Dennoch ist es ein Traumberuf für sie, denn „es gibt unheimlich viele Fähigkeiten und Fertigkeiten, die ich als Pilotin einbringen darf".

Allerdings: „Es gehörte nie zu meinem Selbstverständnis, ausschließlich nur von A nach B zu fliegen. Vielmehr habe ich meine Arbeit immer als ein ganzheitliches Projekt, als eine Dienstleistung sowohl am Kunden als auch für meinen Arbeitgeber, verstanden." Seit dem Beginn ihrer Laufbahn übernimmt sie Zusatzaufgaben im Konzern. Von der Mitentwicklung von Fürsorgeprogrammen und Ansageseminaren über die Moderation im Crew Resource Management bis hin zur Teilnahme an Programmen für Nachwuchs-Führungskräfte. Als Referentin beim Chefpiloten der Lufthansa gefiel ihr die Rolle als Bindeglied zwischen Geschäftsleitung und Personalvertretungen ausgesprochen gut. Vermitteln, das kann sie. Sich kümmern. Doch sich einer Seite gänzlich zugehörig fühlen, das fällt ihr schwer.

Lufthansa hat ihre Flaggschiffe mit jeweils 509 Sitzen ausgestattet.

In Zukunft wird die Luftfahrt allerdings immer einen Schritt mehr aus dem Leben der Lufthanseatin treten. „Bis zu meinem 65. Lebensjahr zu fliegen, kann ich mir derzeit eher nicht vorstellen." Dafür muss ihr Körper schon zu viele Jahre mit dem belastenden Jetlag klar kommen. Ihr Rezept gegen die Schlaflosigkeit: gesunde Ernährung, Meditation, Thai Chi und Yoga. Aufgrund der intensiven Beschäftigung mit ganzheitlichen Ansätzen darf sich Rena Achten, nach einer nebenberuflich durchgezogenen Ausbildung, inzwischen übrigens auch medizinisch geprüfte Gesundheitsberaterin nennen. Darauf möchte sie in vielleicht drei oder vier Jahren beruflich noch stärker setzen.

Doch gänzlich von der Luftfahrt lassen? Die A380-Kapitänin schüttelt den Kopf. „Der Bereich Crew Resource Management interessiert mich nach wie vor." Also das Training von nichttechnischen Fertigkeiten wie Kommunikation oder Interaktion, um Flugunfällen aufgrund menschlichen Versagens vorzubeugen. „Dass dieses nun auch Genre übergreifend für medizinische Weiterbildungen angeboten wird und damit die Fliegerei mit interessanten medizinischen Aspekten verbindet, finde ich sehr spannend." Auch ist Rena Achten das Critical Incident Stress Management, sprich die Verarbeitung von belastenden Ereignissen, ein am Herzen liegendes Thema. Seit mehr als 20 Jahren engagiert sie sich in diesem Bereich ehrenamtlich bei der Stiftung Mayday, ist seit einiger Zeit auch Ausbilderin und gibt internationale Seminare „die ich auch in Zukunft anbieten möchte". Das wäre ein runder Abschluss ihrer inzwischen 35 Jahre währenden Karriere im Lufthansa-Konzern, der sich noch vor vier Jahrzehnten so sehr gegen Frauen im Cockpit gesträubt hat.

Boeing 737-700 der Gesellschaft Germania auf dem nach wie vor anspruchsvollen Flughafen „Cristiano Ronaldo" bei Funchal auf Madeira. Für Eckhard Selonke ist der Anflug auf diesen und andere problematische Plätze längst Routine.

Eckhard Selonke

Vom NVA-Kampfjet ins zivile Cockpit

Eckhard Selonke, Flugkapitän mit 12 400 Flugstunden, war von 2010 bis März 2018 zugleich viel beschäftigter Flugbetriebsleiter der in Berlin ansässigen Germania. Nun hat er sich auf A320neo umschulen lassen. Hier posiert er vor der Boeing 737-700 auf dem Flughafen von Gran Canaria.

Ein Tag im schmuddeligen deutschen November. 9.15 Uhr am Startpunkt der Piste 25 Rechts des Flughafens Berlin-Schönefeld. Beginn eines langen Arbeitstages für Kapitän Eckhard Selonke, seinen First Officer Marc Gelzenleichter und die Flugbegleiter hinter uns in der Kabine.

„Wenn Ihr mich nach den Besonderheiten meines Fliegerlebens befragen wollt", hatte er Tage zuvor am Telefon gesagt, „dann müsst Ihr euch zu mir ins Cockpit bemühen!" Verständliche Bitte deshalb, weil Eckhard Selonke zur Zeit unserer Begegnung zusätzlich als Flugbetriebsleiter der Gesellschaft Germania leitende Funktion am Boden und logistische Aufgaben zu bewältigen hat. Mehr Ruhe für ein Gespräch hat er auch deshalb im Cockpit, weil er, anders als in seinem ersten Fliegerleben, nicht permanent hochkonzentriert mit der Steuerung eines schnellen Kampfflugzeuges befasst ist. Verglichen mit einem einstrahligen Kampfjet von Typ MiG-23 gönnt ihm sein aktueller Arbeitsplatz in der Boeing 737-700 eine gewisse Behaglichkeit.

Der sportlich und drahtig wirkende 58-Jährige ist erkennbar mit sich und der Welt zufrieden und bekennt, beruflich vom Glück begünstigt worden zu sein. Längst vergessen die anfängliche Orientierungslosigkeit kurz nach der Wende. Den Fall der Mauer hat er, einigermaßen fassungslos, während eines Lehrgangs in der Militärakademie in Moskau, dem östlichen Pendant der Führungsakademie der Bundeswehr, aus der Ferne erlebt. Damals stand er als Hauptmann kurz vor der Beförderung zum Major der Nationalen Volksarmee (NVA) der DDR und war längst vertraut mit der MiG-23, dem einstrahligen Standard-Kampfflugzeug des Ostblocks. Seit 1987 konnte Eckhard Selonke seine fliegerische Qualifikation als Fluglehrer der nächsten Pilotengeneration vermitteln, die zu der Zeit noch nicht ahnen konnte, dass ihre Zukunft alsbald im Ungewissen liegen würde.

Erinnerungen im Cockpit eines ganz normalen Arbeitspferds der zivilen Luftfahrt auf dem Flug von Berlin-Schönefeld nach Gran Canaria. Die Boeing 737-700 von Germania bringt heute 156 Passagiere aus dem mausgrauen Deutschland in die kanarische Sonne. Position Atlantik, westlich von Lissabon, und noch etwa 90 Flugminuten bis zum Ziel. Wenn das erreicht und die Hälfte der mit 45 Minuten knapp bemessenen Standzeit auf dem Flughafen von Gran Canaria vergangen sein wird, hat Eckhard Selonke gerade mal einen halben Arbeitstag hinter sich. Der wird heute nach knapp zehn Stunden Flugzeit und 7.200 km dort enden, wo er begonnen hat, in Schönefeld. Juckt es ihn manchmal, noch einmal im engen Cockpit eines Schwenkflügel-Bombers den Nachbrenner zu aktivieren und im Überschall unterwegs zu sein? „Alles zu seiner

Zeit“, sagt er. „Der Mensch Selonke ist älter geworden, und ein gewisses Maß an Gemächlichkeit erscheint mir deshalb angemessen.“ Theoretisch könnte er auch mit der Boeing eine Rolle fliegen, wenn er das Flugzeug manuell steuern und die Limitierungen ignorieren würde. Aber natürlich weiß er um seine Verantwortung in einem nach wie vor anspruchsvollen Beruf. „Was ich allerdings in meinen Träumen erlebe und veranstalte, geht niemanden etwas an.“

Erster Hüpfer am historischen Gollenberg

Infiziert mit dem „Flieger-Virus“ wurde Eckhard Selonke, als er, gerade mal 14 Jahre alt, mit seinem Vater im brandenburgischen Havelland auf historischem Terrain unterwegs war. Das Gelände am Gollenberg bei Stölln/Rhinow diente ab 1896 dem Luftfahrtpionier Otto Lilienthal für seine Gleitflugexperimente. Und der Knirps, der seinem Vater bei dessen Hobby immer wieder mal zur Hand gegangen war und mitgebaut hatte an Drachen und kleinen Flugzeugmodellen, hatte sich längst entschieden, Pilot zu werden. Das war nicht so einfach in der DDR und nur mit Hartnäckigkeit zu erreichen. Als es dem damaligen Flugplatzchef in Stölln/Rhinow dämmerte, dass es der kleine Eckhard ernst meinte, schlug er ihm zunächst eine Ausbildung zum Segelflieger vor. Und so radelte der seit dem Tag, immer wenn Zeit war und das Wetter mitspielte, nach dem Schulunterricht und in den Ferien von seinem Heimatort Rathenow zum Flugplatz und absolvierte im zarten Alter von 15 Jahren seinen ersten Alleinflug. Ein Jahr später bewältigte er das strenge Auswahlverfahren im Flugmedizinischen Institut der DDR in Königsbrück, wo ihm grundsätzlich

Damals, zu Beginn der 1980er-Jahre, flog er noch sowjetische Kampfflugzeuge wie die MiG-21 und die MiG-23 – in der DDR und in Kasachstan. Mit dem tschechischen Strahltrainer Aero L-39 Albatros begann für Eckhard Selonke das Jetzeitalter.

die Jagdfliegertauglichkeit bescheinigt wurde. Es folgte die paramilitärische Ausbildung bei der „Gesellschaft für Sport und Technik“ (GST) in Schönhagen auf der Zlin 42. Als Eckhard im Alter von 19 Jahren in Rathenow sein Abitur machte, hatte er parallel längst die Kunstflugprüfung bestanden und wechselte nahtlos zur Offiziersschule der NVA nach Bautzen. Inzwischen war die einmotorige Z42 mit ihren 180 PS für den jungen Mann eine lahme Ente. Die nächsten Stationen nach der Ingenieurausbildung in Kiew hießen Primorsko-Achtarsk am Asowschen Meer in Russland, wo er mit den Strahltrainern L-29 und L-39 flog, dann Krasnodar im Nordkaukasus Ausbildung auf dem Muster MiG-21, anschließend Lugowaja in der kasachische Steppe für das komplette Ausbildungsprogramm auf der MiG-23. „Buchstäblich heiße Zeiten“, erinnert sich Eckhard Selonke. „Im Sommer hatten wir bis zu 48 Grad, am Boden über der Runway haben wir mal 90 Grad gemessen!“ Kunstflug, Streckenflug, Stratosphärenflug, Bekämpfung von Bodenzielen, Abfangen von Luftzielen, Überschalltraining, bis zur Handhabung der speziellen Vorrichtungen für den Transport von Atomwaffen. „Da es außer der Steppe an der Grenze nach Kirgisien, neben Schafen, Kamelen und der Unendlichkeit nichts zu bewundern gab, konnten wir uns vollständig auf die Aufgaben konzentrieren.“

Zwei Fliegerleben

Sind dennoch Besonderheiten in Erinnerung geblieben? „Ich lernte das saufende Flugzeug kennen. Bei der Überprüfung des Waffenradars, des Zielerfassungsgeräts, das vorschriftsmäßig mit zwölf Litern Alkohol

gekühlt wird, wurde mehrfach Schwund registriert. Einmal waren nur noch zwei Liter drin. Als mir dann einer der Instruktoren schwankenden Schrittes begegnete, ahnte ich, warum. Na Sdorowje!“ Fliegerisch hat Eckhard Selonke die Zeit als Kampfpilot in Russland, Kasachstan und in der DDR ohne größere Zwischenfälle überstanden. „Schmerzlich allerdings ist, wenn man den Absturz eines Kameraden miterleben und, wie es mir passiert ist, durch die Explosions-

GERMANIA

Germania verfügt heute über 37 Flugzeuge der Typen Boeing 737-700, Airbus A319 und A321. Die Fluggesellschaft fliegt mehr als 60 Ziele in Europa, Nordafrika sowie im Nahen und Mittleren Osten- und dem Nahen Osten an. Die Airline will in Zukunft vollständig auf Airbus setzen und die Boeing-Flotte abstoßen. Es liegen 25 feste Bestellungen für A320neo und Optionen auf weitere 15 Flugzeuge dieses Typs vor, die ab 2020 zur Germania-Flotte stoßen sollen. Zur Vorbereitung wird die Flotte derzeit vereinheitlicht und die Boeing 737-700 nach und nach durch Airbus-Flugzeuge ersetzt.

BOEING 737

Die Boeing 737 wird mittlerweile in der dritten Generation gefertigt. Die erste Auslieferung einer 737 erfolgte im Dezember 1967 an die Lufthansa. Inzwischen sind etwa 10.000 Flugzeuge der unterschiedlichen Muster gebaut und verkauft worden, ein Programmende ist nicht in Sicht. Weltweit sind über 2.000 Boeing 737 gleichzeitig in der Luft, durchschnittlich landet alle zwei Sekunden eine 737. Die erste 737-700 ging im Februar 2005 bei Southwest Airlines an den Start.

wolke der Trümmer des Flugzeugs eines guten Freundes fliegen muss. Da ist es gespenstisch still im Funk, bis sich einer traut, nach dem Rufzeichen zu fragen, um zu erfahren, wer denn noch in der Luft ist. Auch in der Ausbildung gab es leider einige tödliche Unfälle." Ab Ende 1983 war Eckhard Selonke beim JBG 37 in Drewitz stationiert und erlebte dort am 25. September 1990, kurz vor der deutschen Wiedervereinigung, den letzten Flugtag seines Geschwaders. Nach einer Umschulung zum Groß-und Außenhandelskaufmann heuerte er bei der Flugschule „Hans Grade" in Schönhagen an, wurde deren Ausbildungsleiter und hatte nach zehn Jahren genug von den kleinen Ultraleicht-Hüpfern wie C-22, Mistral und Sherpa. Ein bisschen schneller durfte es schon sein. Eckhard Selonke nahm im Jahr 2000 das Angebot von Germania an, flog zunächst als Copilot auf der Boeing 737 von Leipzig nach Palma, Hurghada

Eckhard Selonke (auf dem linken Sitz) und First Officer Marc Gelzenleichter haben den Rückflug von Gran Canaria begonnen. Nach der Landung auf dem Flughafen Berlin-Schönefeld, von dem sie am frühen Morgen gestartet sind, werden sie heute knapp zwölf Dienststunden absolviert haben.

Eckhard Selonke im Cockpit der Boeing 737-700. Über viele Jahre war das „sein Flugzeug". Inzwischen sitzt er ebenso gerne im Cockpit der A320.

und auf die Kanaren, und arbeitete sich in seinem zweiten, nun zivilen Fliegerleben hoch bis zum Flugbetriebsleiter der Gesellschaft. Also nach der Zeit als Kampfpilot nur noch harmlose Routine? „Das sehe ich anders", sagt der nach wie vor begeisterte Flugzeugführer mit einigem Nachdruck. „Einen Militärjet zu steuern, ist körperlich und geistig anspruchsvoll und anstrengend. Fliegen pur! Die Welt auf den Kopf stellen, für einen Moment schwerelos, im nächsten Augenblick das zehnfache Eigengewicht ertragen. Daran gemessen geht es im Verkehrsflugzeug natürlich ruhiger zu. Dennoch ist auch hier jeder Flug eine neue Herausforderung. Schwieriges Wetter oder gewöhnungsbedürftige Flugplätze erfordern spontane Entscheidungen.

12.30 Uhr Ortszeit auf den Kanarischen Inseln. Die Boeing 737-700 hat die Reiseflughöhe verlassen. Links vom Kurs zieht die westliche Steilküste von Fuerteventura an uns vorbei. Eckhard Selonke setzt den Sinkflug fort und ist bereits darüber informiert, dass für die Landung auf dem Aeropuerto de Gran Canaria in etwa 30 Minuten die Piste 03 Rechts vorgesehen ist. Das alles ist längst Routine. „Andererseits lernst Du als Pilot einer Gesellschaft niemals aus", sagt Eckhard Selonke, der kurz davor steht, sich mit einem für ihn neuen Flugzeugtyp vertraut zu machen, weil Germania in den kommenden Jahren die restlichen Boeing 737 ausflotten und ab 2020 bis spätestens 2022 durch Airbus A319 und A321 ersetzen wird. „Und für mich", ergänzt er, „kann es auch deshalb nicht langweilig werden, weil ich neben meiner Tätigkeit im Cockpit zu mehr als 50 Prozent eben noch andere Aufgaben zu bewältigen habe".

Die mit 12.400 Stunden verhältnismäßig geringe Flugzeit im Cockpit lässt sich mit seiner mehrjährigen Funktion als Flugbetriebsleiter erklären. Seit 2010 bis März 2018 war er u.a. damit befasst, neue gesetzliche Regelungen durchzusetzen, den Flugbetrieb zu überwachen und dessen Sicherheit zu gewährleisten, neue Destinationen in den Flugplan zu integrieren. Als disziplinarischer Vorgesetzter von 300 Piloten, die mit 25 Flugzeugen für Germania unterwegs sind und alsbald mit 30 operieren werden, ist er zugleich für deren Einstellung zuständig. Gegenwärtig besteht die Flotte aus elf Airbus A319, vier A321 und zehn Boeing 737-700, von denen sich Germania zu Gunsten von Airbus trennen wird. Eckhard Selonke bleibt Chefpilot der restlichen Boeing 737-Fotte und hat sich demnächst um deren Ausflottung und die Umschulung der Piloten auf A320neo zu kümmern. Über einen Mangel an spannenden fliegerischen Aufgaben kann er sich also nicht beklagen.

Zumal Germania auf allerlei Sonderaufgaben spezialisiert ist, außerhalb des regulären Flugplans.

Und so erinnert sich Selonke an seinen längsten Flug mit der Boeing 737 von Zürich nach Douala/Kamerun, 5.061 Kilometer in sechseinhalb Stunden, besonders aber an den zweitlängsten von Kangerlussuaq auf Grönland nach Split. An Bord die Kandidatinnen für die Ausscheidung „Austrian Next Top Model", die für ein Fotoshooting in Grönland waren und für weitere Aufnahmen nach Kroatien mussten.

Unvergesslich bleibt für Eckhard Selonke der Auftrag, als ehemaliger Kampfpilot der NVA ausgerechnet die amerikanische Nationalmannschaft zu den Winterspielen nach Sotschi zu bringen – genau dorthin, wo er 30 Jahre zuvor noch mit der MiG-23 herumgedüst war.

Außergewöhnlich auch die Sonderflüge nach Akureyi im Norden von Island. Die Berge in unmittelbarer Nähe des Flughafens mit seiner nur 2.200 Meter langen Runway zwingen zu einem extrem steilen Anflug.

Zu den etwas ungewöhnlichen Plätzen, die von Germania regelmäßig angeflogen werden, gehört ebenfalls Gazipasa südöstlich von Alanya an der türkischen Riviera. Die relativ kurze Piste (Landerichtung 08) kann aufgrund der angrenzenden Berge östlich des Platzes nur von Westen angeflogen werden. Und da das häufig nur mit Rückenwind möglich ist, muss das Anflugverfahren von jedem Piloten im Simulator trainiert werden. Auch für Funchal auf Madeira gelten Sonderbedingungen. Wer länger als ein halbes Jahr den Platz nicht angeflogen hat, muss erneut ein Simulatortraining absolvieren. Für Eckhard Selonke aber ist der gewöhnungsbedürftige Anflug auf den Flughafen der portugiesischen Atlantikinsel schon längst keine Herausforderung mehr.

Mit diesem Flugzeugtyp hat sich Eckhard Selonke in den vergangenen Monaten vertraut gemacht: Landung eines Airbus A319 von Germania auf dem etwas außergewöhnlichen Flughafen Gazipasa in der türkischen Provinz Antalya. Die Piloten benötigen ein spezielles Training, weil hier Landungen mit Rückenwind auf der vergleichsweise kurzen Piste die Regel sind.

NIKI
FLYNIKI.COM
FLYNIKI.COM

Marina Fock

Immer aufs Bauchgefühl gehört

Selbst im südostasiatischen Myanmar standen die A320 der inzwischen als LaudaMotion fliegenden österreichischen Fluggesellschaft Niki im Einsatz – zumindest im europäischen Winter, wenn entsprechende Kapazitäten an Bangkok Airways verleast waren.

Marina Fock, Flugkapitänin mit mehr als 10.000 Flugstunden, war von Januar 2007 an bei Niki beschäftigt. Inzwischen steht sie in Diensten der Eurowings.

Entweder Sekretärin oder Friseurin. In jenem kleinen österreichischen Dorf, in dem Marina Fock einst aufgewachsen ist, bestimmten noch vor 20, 30 Jahren tradierte Lebensmodelle den beruflichen Karriereweg von jungen Frauen. Unvorstellbar damals geradezu, dass eine von ihnen nach den Sternen greift; dass sie ausfliegt, um Pilotin zu werden. Heute hat sicherlich bei dem einen oder anderen alteingesessenen Dorfbewohner ein Umdenken einsetzen müssen. Denn tatsächlich: Genau das hat Marina Fock getan. Sie hat nach den Sternen gegriffen. Mit Erfolg. Denn heute ist sie Verkehrsflugzeugführerin. Kapitänin auf der A320, um genau zu sein.

Manch einer aus ihrem direkten Umfeld reibt sich noch heute ungläubig die Augen. Würde man ihre Mitschüler von einst fragen, ob sich eine Laufbahn im Luftverkehr schon zu Teenagerzeiten angedeutet habe, werden sie vermutlich energisch mit dem Kopf schütteln. Okay, die Marina von einst, die wollte aus dem dörflichen Klischee ausbrechen, zweifellos. Doch ein Beruf, für den eine technisch-naturwissenschaftliche Affinität keinesfalls von Nachteil ist, passte nun wirklich nicht zu der jungen, grazilen Dame, die Ende der 1980er-Jahre ein ganz anderes Ziel ambitioniert verfolgte.

Wunsch: Bühnenkarriere

Sommer 1989. Die österreichischen Radiosender scheinen nur einen Hit zu kennen: „Don't worry, be happy". Und auch Familie, Freunde und Bekannte erleben die noch nicht ganz 20-jährige Marina überwiegend tanzend und singend. Musicaldarstellerin will sie werden. Ein Bühnenstar. Zieht dafür sogar für mehrere Monate nach New York City, in die Heimat des Broadways. Doch als der Durchbruch immer länger auf sich warten lässt und sie jobben gehen muss, um sich ihren Lebensunterhalt zu verdienen, gesteht sie sich schließlich doch schweren Herzens ein: „Ich bin nicht gut genug. Was also nun?"

Ihr Verstand sagt: „Überlege in Ruhe, mache einen Plan." Denn das Schicksal hat ihr Anfang der 1990er-Jahre eine Übergangszeit verordnet. Sohn Patrick wird geboren. Zwei Jahre will sie ausschließlich für ihn und ihren Mann da sein und sich währenddessen beruflich orientieren. Doch wenn das immer so einfach wäre! Marina Fock nimmt einen Bürojob an. Halbtags, wie so viele andere junge Mütter auch. Dass ihre Firma ausgerechnet in der Einflugschneise des Wiener Flughafens in Schwechat ihren Sitz hat, kann deshalb als Wink des Schicksals gedeutet werden, denn das weist ihr letztlich den Weg, den sie gehen wird.

„Ich hatte in jenen Tagen eine Freundin, zu der ich aufschaute", so ihre Erinnerung. Und eben diese Freundin war Flugbegleiterin. „Also habe ich mich 1994 ebenfalls bei Austrian beworben." Einfach so, ohne große Hoffnung. Umso größer deshalb die Freude, als sie erfährt, dass sie tatsächlich genommen wird. Denn Musical hin, New York her: „Dass ausgerechnet ich fortan durch die Welt ziehen darf, das war bis zu jenem Zeitpunkt für mich so unfassbar weit weg. Der Schritt, als Flugbegleiterin bei Austrian anzufangen, stellte für mich den wirklichen Griff nach den Sternen dar."

1995 beginnt die gebürtige St. Pöltnerin beim österreichischen Flaggcarrier die mehrwöchige Ausbildung. „Mit 25 Jahren, also schon recht spät." Die MD-80 wird zunächst ihre berufliche Heimat. Und natürlich sitzt sie anfangs bei Start und Landung auch mal im Cockpit, ist fasziniert vom Fliegen im Allgemeinen und von dem, was die Piloten, eigentlich ausschließlich Männer, dort leisten im Besonderen. „Ich habe die Jungs so bewundert und träumte davon, selbst da vorne zu sitzen."

Die Schnapsidee setzt sich im Kopf fest, drängelt sich immer häufiger in den Vordergrund, wird zum dringenden Wunsch. Doch auch diese Fragen lässt sie zu: „Was ist, wenn es mir nicht gefällt? Wenn ich mich als untalentiert erweise?" Sie nimmt in Wien zwei Flugstunden, probehalber, und fängt Feuer. Die Privatpilotenlizenz (PPL) scheint jetzt ein realistisches, allerdings auch teures Ziel zu sein. Glücklicherweise geben ihr Piloten-Kollegen den Tipp, für die Ausbildung in die USA zu gehen, weil's dort deutlich günstiger ist. „Umgerechnet kostete es nur ein Drittel von dem, was ich in Österreich hätte bezahlen müssen."

Ab in die USA

1996 geht's das erste Mal über den Großen Teich nach Phoenix in den US-Bundesstaat Arizona. Während ihres regulären Jahres-Urlaubs, mit Ehemann und Sohn im Gepäck. Das Einmaleins des Fliegens wird Marina Fock auf Cessna 172 beigebracht. Nach sieben Stunden schicken sie die Lehrer allein in die Luft. „Ein prickelndes Gefühl."

Oben links: Die Karriere in der Luftfahrt hat Marina Fock als Flugbegleiterin bei Austrian begonnen.

Oben rechts: Erste Schnupperstunden absolvierte Marina Fock Mitte der 1990er-Jahre am Flughafen Wien.

EUROWINGS

Eurowings ist die Low-Cost-Fluggesellschaft des Lufthansa-Konzerns und spezialisiert auf preisgünstige Nonstopflüge innerhalb von Europa sowie von den Standorten Köln/Bonn, München und Düsseldorf aus zu Fernreisezielen. Die Flotte der Eurowings und ihrer Partnerairlines besteht aus A340, A330, A320, A319, Boeing 737 sowie des Typs Q400. Sie transportierten 2017 rund 32 Millionen Passagiere.

A320-FAMILIE

Die Mitglieder der A320-Familie – A318, A319, A320 und A321 – zählen zu den am meisten verkauften Verkehrsflugzeugtypen der Welt. Alle Versionen teilen sich die gleichen Grundelemente, jedoch weisen sie verschiedene Rumpflängen (31,44 bis 44,51 Meter) und Passagierkapazitäten (107 bis 220) auf. Alle Modelle der A320-Familie dürfen mit demselben Type Rating (Musterberechtigung) geflogen werden.

Obwohl die Flugnovizin noch direkt beim Abheben denkt: „Oh mein Gott, was tue ich hier!“ Eine Frage, die heute beantwortet sein dürfte.

Viele weitere Familienferien werden in der Folgezeit für Marina Focks Traum geopfert, denn nach der erfolgreich absolvierten PPL-Prüfung schließt sie gleich die CPL-Ausbildung für Berufspiloten an. „Die theoretischen Inhalte sind in den USA hervorragend dokumentiert und in Büchern zu finden. So konnte ich zu Hause oder in den Pausen auf Langstreckenflügen die Theorie lernen und meine Urlaubsaufenthalte in den USA nur für die Prüfungen beziehungsweise zum eigentlichen Fliegen nutzen.“

Vier, fünf Stunden ist sie täglich in der Luft. Dennoch zieht sich die so in viele Blocks unterteilte Ausbildung über einen relativ langen Zeitraum hin. Mehr noch: Marina Fock nimmt schließlich einen Kredit auf, zig Tausende Schilling, um zusätzlich noch in Österreich mit der ATPL (Air Transport Pilot Licence) Nägel mit Köpfen zu machen. Wenn schon, denn schon.

Die Tage als Flugbegleiterin sind damit endgültig gezählt. 2001 kündigt sie ihren Job bei Austrian und wechselt als First Officer zur Jetalliance. „Das war damals noch eine sehr kleine Firma mit vier, vielleicht fünf Flugzeugen, darunter auch Beech 400A.“

Doch so aufregend das Pilotenleben in der Business Aviation zugegebenermaßen ist, es beinhaltet auch unzählige Stand-by-Zeiten – Tage, an denen sie 24 Stunden auf Abruf steht. Selbst an Sonn- und Feiertagen. Klingelt nachts um drei das Telefon, bleibt der inzwischen alleinerziehenden Mutter nur noch, sich ihren schlaftrunkenen Sohn zu schnappen, ihn zu seiner Oma zu bringen und zum Dienst zu flitzen. Geradezu in die Erinnerung eingebrannt hat sich der

24. Dezember 2003. „Ich saß mit meinem zehnjährigen Sohn bei meinen Eltern und freute mich auf die Bescherung, als mich die Firma für einen Organtransport anforderte." Christbaum und Geschenke müssen warten, Patrick wird kurzerhand eingepackt und mit an Bord genommen. Das kann sie gerade noch aushandeln. Es ist schließlich Heiligabend. Marinas Mutterherz blutet, wer zerstört schon gerne Weihnachten. Tatsächlich ist es für ihren Sohn jedoch ein Riesenerlebnis: „Die anderen Kinder aus seiner Klasse berichteten nach den Ferien vom Skifahren. Mein Sohn erklärte voller Stolz, dass er ein Menschenleben gerettet hat." Dennoch muss sie sich eingestehen, dass sich der Job bei Jetalliance nicht mit ihrem derzeitigen Leben vereinbaren lässt. Sie schaut sich nach Alternativen um.

2004 wechselt die junge Kopilotin zur Amira Air, die kurz zuvor mit jenen beiden Learjets, die Austrian bei der Übernahme der Lauda Air nicht gebrauchen konnte, neu gegründet worden war. Gut zwei Jahre fliegt sie auf dem rechten Sitz, dann hat sie die nötigen Stunden zusammen, um Kapitänin zu werden. Die Arbeit macht Spaß, dennoch ist es ihr jetzt klarer denn je, dass sie in der Business Aviation nicht alt werden will. Und wieder kommt ihr das Schicksal zur Hilfe.

Kollege Zufall

2006: Eine A320 der noch jungen Niki hat ein technisches Problem in Malaga, und Marina Fock fliegt einen ihr unbekannten Niki-Mitarbeiter im Learjet 60, den dessen Eigner Niki Lauda unter dem AOC der Amira Air betreibt, mitsamt Ersatzteilen via Frankreich nach Spanien. Man kommt ins Plaudern. Die Pilotin verrät dem Alltagskleidung Tragenden den Wunsch, sich beruflich verändern zu wollen, erzählt von ihrer Bewerbung bei Tyrolean, vom anstehenden Type Rating für die Fokker – und beendet ihren Arbeitstag mit einem Jobangebot von Niki. Sie hatte deren Flugbetriebsleiter an Bord gehabt! Doch wird sie zusagen? Nun ja: „Der Verstand sagte ‚nein'. Von Niki wusste ich nichts, das war damals noch ein junges Start-up. Über Tyrolean war mir hingegen fast alles bekannt. Es war klar, worauf ich mich einlassen würde. Doch von Anfang an hat mir mein Bauchgefühl gesagt: ‚Mach es'!"

Im Januar 2007 tritt Marina Fock ihren ersten Arbeitstag als First Officer auf der A320 an und nutzt fortan jede Chance, aufzusteigen. Sie wird Kapitän, später Line Training Captain und Type Rating Instructor. „Ich gebe mein Wissen gerne weiter, das ist eine sehr erfüllende Aufgabe." Und dass

Bild ganz links: Marina Fock reiste Ende der 1990er-Jahre immer wieder für die Ausbildung nach Arizona, USA.

Bild links: Ihren ersten Job trat die frischgebackene Pilotin auf einer Beech 400A bei Jetalliance an.

Marina Fock und Kopilot Christian Gilcher mitsamt einer thailändischen Kabinencrew 2017 auf einem Flug für Bangkok Airways nach Mandalay in Myanmar, wo das Niki-Flugzeug mit allen Ehren begrüßt wurde.

sie die Richtige für diese Aufgaben ist, haben ihre Vorgesetzten schnell erkannt. Die engagierte Mitarbeiterin gilt als sehr strukturiert, ordnungsliebend, genau arbeitend. „Ich überschreite ungern Grenzen."

Sicherheit, sowohl im Job als auch im privaten Leben, ist ihr sehr wichtig. Umso nervenaufreibender waren deshalb die vergangenen Monate unter dem Dach der wirtschaftlich schwächelnden und inzwischen bankrotten einstigen Mutter Air Berlin, die die österreichische Airline ihrem Gründer Niki Lauda in drei Schritten schließlich 2011 komplett abgekauft hatte.

Zwischen Hoffen und Bangen

Bei Niki war wahrlich nicht alles perfekt, merkt Marina Fock an. Doch wettgemacht wurden die einen oder anderen Nachteile „durch die Karrierechancen und das wirklich gute Arbeitsklima unter den Kollegen". Als Air Berlin im August 2017 schließlich Insolvenzantrag stellen muss, macht insbesondere die günstige operationelle Kostenbasis die österreichische Tochter so interessant für potenzielle Käufer. „Wir galten als die Perle des Unternehmens."

Dennoch folgt eine Zeit des Hoffens und Bangens, der heilversprechenden Lösungen und der umso größeren Enttäuschungen, als sich die Erwartungen doch nicht erfüllen. Ein Deal mit der Lufthansa bahnt sich an. Die Niki-Mitarbeiter rufen innerlich „Hurra", sehen für sich eine Zukunft in einem großen starken Konzern. Doch die Kartellbehörde schiebt dem Ganzen einen Riegel vor. Lufthansa zieht das Angebot Mitte Dezember zurück, und nur Stunden später stehen auch Nikis Flugzeuge am Boden und die Mitarbeiter vor dem existenziellen Aus. „Das hat mir den Boden unter den Füßen weggezogen."

Dann der nächste Hoffnungsschimmer: Die IAG – ein Konzern, zu dem mit British Airways und Iberia zwei internationale Schwergewichte gehören – hat sich gemeldet, will Niki für ihre Low-Cost-Tochter Vueling. Aufatmen bei der Belegschaft.

„Auch damit hätten wir sehr gut leben können." Doch die Übernahme scheitert erneut – weil die Zuständigkeit für die Niki-Insolvenz zwischenzeitig an ein österreichisches Gericht gewandert ist. Die bis dato geführten Verhandlungen werden Makulatur. „Unsere Nerven lagen blank."

Stattdessen ist der einstige Gründer plötzlich wieder im Rennen: der als knallhart geltende Geschäftsmann Niki Lauda. Ende Februar 2018 ist alles in trockenen Tüchern. „Herr Lauda erreichte, was ihm vermutlich nur die Wenigsten tatsächlich zugetraut hätten: Er hat Niki als LaudaMotion am 25. März wieder in die Luft gebracht." Weil er die nötigen Kontakte in die Politik und zu den Medien hat. „Kein anderer hätte das geschafft", da ist sich Marina Fock sicher. Slots und Arbeitsplätze sind gesichert. Doch zu welchem Preis? LaudaMotion fliegt nach wie vor. Nicht zuletzt dank Ryanair, die inzwischen mit im Boot sitzt. Doch die Kapitänin ist der Turbulenzen überdrüssig. Ruhige Fahrwasser, Sicherheit – das ist das, was sie für ihre Balance braucht. Gerade jetzt. „Direkt nach der Insolvenz der Air Berlin war ich wie fast alle anderen Kollegen auch auf dem Recruitment Day der Eurowings. Das Angebot, das unterbreitet wurde, fand ich fair. Und weil ich bislang immer gute Erfahrungen mit meinem Bauchgefühl gemacht hatte, habe ich Anfang des Jahres zugestimmt und danach das Assessment-Center positiv durchlaufen."

Seit dem 1. Juli ist die Österreicherin nun also A320-Kapitänin der Kranich-Tochter. Das Konzept erscheint ihr nachhaltig. „Eurowings ist dank des Lufthansa-Konzerns in der Position, dem harten Low-Cost-Wettbewerb, der momentan in Wien herrscht, standzuhalten." Eine gute Perspektive für die Sicherheit liebende Marina Fock.

Einige A320, die einst in Diensten der Air Berlin oder deren zuletzt 100-prozentiger Tochter Niki standen, fliegen mittlerweile für Eurowings.

Claus Cordes

Ich will das Fliegen verstehen

Claus Cordes fliegt beruflich den Airbus A380, doch auch privat ist und bleibt er der Fliegerei verbunden. Mit seiner „Stieglitz", mit Segelflugzeugen und dieser ehrwürdigen Ju 52.

D-AQUI

Heute mal nicht in Uniform: Claus Cordes im Cockpit der Ju 52, während draußen das linke Triebwerk gewechselt wird.

Manchmal breitet er in seinen Träumen die Arme aus. Die Handflächen wachsen zu respektablen Flächen heran und krümmen sich angemessen zu jenem Profil, das Lilienthal vor nun fast 130 Jahren den Vögeln abgeschaut hatte und mit dem erstmals der Flug eines Menschen möglich werden sollte. Und so hebt Claus Cordes also vom Boden ab, schwebt mit seinen Schaufelhänden über Felder und Wälder und wird nach dem Aufwachen von Wirklichkeit und Schwerkraft eingeholt. Die Enttäuschung über den neuen Misserfolg aber währt nur kurz. Unmittelbar nach der erneuten Erkenntnis, dass ihm wieder einmal keine Flügel gewachsen sind, besinnt er sich auf die technischen Konstruktionen, mit denen der Traum dann doch noch verwirklicht werden kann. Dabei pflegt und kultiviert der A380-Kapitän der Deutschen Lufthansa so seine speziellen Vorlieben. Claus Cordes hat die Wahl, und die quält ihn keineswegs. Wenn er mit dem größten Passagierflugzeug der Welt wieder mal in Frankfurt gelandet ist, reizt ihn gelegentlich der Kontrast und fliegerische Handarbeit. In Waldeck am Edersee wartet seine Schempp-Hirth „Discus 2b", ein Segelflugzeug. Mit dem Hochleistungssegler, einem Kunststoff-Eindecker, ist er ebenso vertraut und verwachsen wie mit seinem bei Itzehoe auf dem Grasplatz „Hungriger Wolf" beheimateten Focke-Wulf-Doppeldecker Fw 44 „Stieglitz", der seit dessen Geburt im Jahre 1936, dank sorgsamer Hege und Pflege, bis heute durchgehalten hat. Mit der „Stieglitz" hat Claus Cordes übrigens das einzige Malheur seines bewegten Fliegerlebens glücklich überstanden. „Es war 2011 während der Landung. Beim Aufsetzen brach eine Fahrwerkverstrebung. Ringelpietz und Überschlag, keine Blessuren, und das Flugzeug war wieder herzustellen!"

Dann will auch „Opa Hermann" wieder mal in die Luft. Claus Cordes hat das einstige Standard-Schulflugzeug der 1950er-Jahre vom Typ Scheibe Bergfalke II/55 auf den Vornamen seines Schwiegervaters getauft. Und zur Privatflotte gehört noch das Segelflugzeug Schleicher Ka6 CR, ein zugiges Vehikel mit winziger Windschutzscheibe und offener Haube – man gönnt sich ja sonst nichts. „Es ist mir so günstig angeboten worden", begründet Cordes seine jüngste Neuerwerbung, „dass ich nicht nein sagen konnte". Seiner Frau hat er übrigens kürzlich versprochen, vorerst keine weiteren Flugzeuge zu kaufen. „Andererseits sagt meine Astrid immer: Ich habe ja gewusst, dass ich einen Spinner heirate. Und das war vor 35 Jahren".

Manche anderen Flugzeuge muss Claus Cordes nicht kaufen, wie das anerkannte „fliegende Denkmal", die Ju 52 der Lufthansa Berlin Stiftung. Dieses legendäre und noch immer „lufttüchtige Museumsstück"

steuert und betreut der studierte Flugzeugbauer und Dipl.-Ing. seit 1988 regelmäßig und ehrenamtlich in seiner Freizeit, seit 1997 auch als Ausbilder neuer Piloten. Sein Ingenieurstudium an der Hochschule für Angewandte Wissenschaften in Hamburg (HAW), an der er heute einer der Lehrbeauftragten ist, hat er parallel zu seiner Pilotentätigkeit bei der Lufthansa absolviert. „Eine komplizierte Physikaufgabe habe ich mir von New York aus am Telefon erklären lassen. Hat mich 80 US-Dollar Gebühr gekostet". Damals flog er als First Officer zunächst Boeing 737, danach Airbus A310 und A300-600. Und noch bevor Claus Cordes bei der Lufthansa als Kapitän auf den linken Sitz im Cockpit wechseln durfte, erwarb er das Kapitänspatent auf der ehrwürdigen Ju 52, die bis heute sein Liebling geblieben ist. Mit der fliegt er zahlende Gäste über Stadt und Land und war auch als Crewmitglied dabei, als die alte Diva einst auf einer US-Tournee amerikanische Passagiere und unzählige Zaungäste begeisterte – in New York, Philadelphia, Washington und Seattle.

Legende Ju 52

„Es wird immer schwieriger, die Ju 52 lufttüchtig zu halten", sagt er, als wir ihn auf dem Flughafen Lübeck-Blankensee treffen, umgeben von einer Schar Halbwüchsiger, die sich per Schnupperkurs und Segelflugzeug an das Thema Luftfahrt herantastet. Merke: Claus Cordes fliegt nicht nur begeistert mal dieses, mal jenes Muster, und natürlich immer wieder mal die „Tante Ju", wenn es der Dienstplan der Lufthansa erlaubt. Er weiß seine Faszination und sein Wissen auch weiter zu geben an den Nachwuchs;

Claus Cordes auf Besuchsreise in den USA. Alt und Neu im Parallelflug in Seattle: Ju 52 und 737-500.

JU 52/3M D-AQUI „TEMPELHOF“

Die Ju 52 der Lufthansa Berlin Stiftung ist eine von weltweit nur noch vier flugfähigen Exemplaren dieses Typs, die vor 1945 in den Dessauer Junkers-Werken gebaut wurden. Die weiteren fünf noch lufttüchtigen Flugzeuge sind in den ersten Nachkriegsjahren in Spanien und Frankreich in Lizenz gefertigt worden. Alles in allem sind 4.845 Ju 52 zwischen 1932 und 1952 gebaut worden. Erstflug der D-AQUI war am 2. April 1936. Nach kurzem Einsatz bei der Lufthansa begann eine wechselvolle Geschichte: militärischer und ziviler Einsatz in Norwegen, abwechselnd unter deutschem und norwegischem Kommando, nach dem Krieg für SAS unterwegs, 1956 in Norwegen ausgemustert, und dann der Beginn eines „zweiten Fliegerlebens“ in Südamerika. Amerikanische Luftfahrtenthusiasten entdeckten die längst stillgelegte Ju 52 Ende 1969 am Flughafen von Quito, erwarben das Wrack und machten es halbwegs flugtüchtig. Unter ihrem späteren Namen „Iron Annie“ trat das Flugzeug auf zahlreichen Airshows in USA auf, bevor es 1984 von der Lufthansa erworben, nach Hamburg-Fuhlsbüttel überführt und nach kostspieliger Restaurierung seit 1986 für Rundflüge eingesetzt wird.

Kapitän Claus Cordes fliegt und betreut die Ju 52. Als Ingineur ist er zugleich für einige Modifikationen an dem alten Flugzeug verantwortlich.

hier in Lübeck also in seiner Funktion als Segelfluglehrer und Schulungsleiter. Zeitgleich steht, 300 Meter von der Graspiste der Segelflieger entfernt, die Ju 52 auf dem Vorfeld, mal wieder mit einem Problem. Der rechte Motor hat nach nur 700 Betriebsstunden schlapp gemacht. 2016 und 2017 war bereits eine kostspielige Überholung des Flugzeugs erforderlich, vor allem die komplizierte Erneuerung des gebrochenen Mittelholms ging ins Geld. Und wie lange kann die Ju 52 überhaupt noch bei Laune gehalten werden? „Wenn man den Aufwand nicht scheut, kann sie noch ein paar Jahre durchhalten. Es ist ja das Ziel angepeilt, 100 Lebensjahre zu erreichen, aber der Aufwand wird ständig zunehmen.“

Die Cordes'sche Panflöte

Claus Cordes verabschiedet sich für eine Stunde von dem Jungvolk und ist natürlich dabei, wie der Ju ein neues Pratt-&-Whitney-Triebwerk verpasst wird. Beiläufig zeigt er auf einen halbkreisförmigen Einlass am rechten Flügel. Es handelt sich um die „Cordes'sche Panflöte“. Das Luftfahrt-Bundesamt (LBA) hatte in den 1990er-Jahren ein Problem mit der für den Passagierverkehr erforderlichen Betriebssicherheit des damals schon greisen Flugzeugs. Im Falle einer Tankleckage bestand die Gefahr, dass sich ein zündfähiges Kraftstoff-Luft-Gemisch in der Tragfläche bildet. Die Aufgabe lautete, ein geeignetes System zu entwickeln, mit dessen Funktion im Fall der Fälle das brisante Gas ausgeblasen werden kann. Und es war natürlich Claus Cordes, der 1994, im Rahmen einer Pflichtentwurfsarbeit im Hauptstudium, gemeinsam mit seinem Kommilitonen Michael Walter das Problem löste mit der Konstruktion der nach ihm benannten „Panflöte“, inklusive Nachweisführung. Der einstige Studienfreund ist übrigens heute Kapitän bei Lufthansa CityLine. Irgendwie lag das Flieger-Gen wohl in der Wiege des Mannes, der am 23. Juli 1960 in Lübeck geboren wurde, als später Spross eines schon betagten Vaters. Denn der, Dr.-Ing. Heinrich Cordes, konnte sich daran erinnern, wie er als kleiner Junge an der Hand seines Vaters auf der Vahrenwalder Heide in Hannover dem Flugpionier Karl Jatho begegnete. Zwischen dessen windschiefen Konstruktionen und dem Arbeitsplatz des Nachkommen der damaligen Zaungäste aus

Lübeck, dem Cockpit des monströsen Airbus A380, liegen Welten. Claus Cordes' Vater jedenfalls war von Jatho und seinen wackeligen Flugversuchen dermaßen begeistert, dass er später als Gründungspräsident des Schleswig-Holsteinischen Luftsportverbandes in die Geschichte einging. Sein Lieblingsflugzeug war die Piper Pa18. Sohn Claus indes erwies sich zunächst einmal als „Überflieger", als er im zarten Alter von 17 Jahren in Lübeck sein Abitur ablegte. Danach zwei Jahre bei den Panzergrenadieren und Plan A: Claus Cordes wollte Maschinenbau studieren. Doch drei Wochen vor der Entlassung aus der Bundeswehr als junger Fähnrich bestand er den Auswahltest bei der Auswahlkommission der Lufthansa in Hamburg. Und so begann am 6. August 1980 die Ausbildung an der Verkehrsfliegerschule der Lufthansa in Bremen und Phoenix, Arizona.

Der Flieger-Virus hatte sich längst festgesetzt und bis in die Fußspitzen verbreitet. Im Sommer 1982 waren CPL und IFR auf dem zweimotorigen Muster Beech King Air geschafft. Und da ihn die Lufthansa zunächst nicht übernehmen wollte, verdingte sich Claus Cordes bei der Gesellschaft Westküstenflug (WKF) und landete im Cockpit einer Cessna 172. „Ich habe später selten wieder so viele Starts und Landungen absolviert wie in diesem Überbrückungsjahr. Taxi und Rundflüge zwischen Wyk auf Föhr, Husum, Flensburg und Sylt, und immer wieder sogenannte Keuchhustenflüge, die damals in Mode waren und den meist jugendlichen Patienten vom Hausarzt empfohlen wurden." Parallel absolvierte er bei der Lufthansa-Werft in Hamburg das Grundpraktikum für sein späteres Ingenieur-Studium. Danach kam die ersehnte Anstellung bei der Lufthansa, zunächst als Second Officer auf der Boeing 737-100/200 und -300 in Europa und Nordafrika, Beförderung zum Ersten Officer. „Und dann habe ich 1986 laut ‚Hier' gerufen, als ehrenamtliche Piloten für die von der Lufthansa als Traditionsflugzeug erworbene Ju 52 gesucht wurden".

Beruflich ging es 1989 weiter mit der Umschulung auf Airbus A310, dem Flugzeugbau-Studium in Hamburg und der großen Lust, neben der modernen Verkehrsfliegerei irgendwie und immer wieder die Herausforderung zu suchen, ohne Flight-Management-Systeme manuell im Luftraum zu bestehen. Die Kombination „Flugzeugbauer und Pilot" ist wohl nicht die schlechteste Wahl. Cordes weiß um jedes Detail

Seltene Begegnung auf der „SAIL" in Bremerhaven vor mehr als 30 Jahren: das „bewegliche Denkmal" Ju 52 überfliegt das Segelschulschiff Gorch Fock.

DEUTSCHE LUFTHANSA BERLIN STIFTUNG

Die 1986 von der Deutschen Lufthansa AG aus Anlass ihres 60. Geburtstages gegründete Stiftung setzt sich für den Erhalt, die Restaurierung sowie Präsentation historischer Flugzeuge ein. Sie nahm ihre Arbeit auf mit dem Erwerb einer Ju 52 in den USA, die 1936 in Dessau gebaut wurde. Inzwischen verfügt die Stiftung über zwei weitere Flugzeuge, die bei Lufthansa Technik am Flughafen Hamburg gewartet werden: die Messerschmitt Bf 108 B-1 „Taifun", die auf den Namen der deutschen Luftfahrtpionierin Elly Beinhorn getauft wurde, und eine Dornier Do 27. Zu den aktuellen Projekten gehört die Beteiligung am Wiederaufbau einer Focke-Wulf Fw 200 „Condor" und einer Lockheed L 1629A „Super Star", deren geplante lufttüchtige Restaurierung in den USA sich allerdings als problematisch erweist. Die Ju 52 D-AQUI „Tempelhof" bedarf nach rund 22.000 Flugstunden inzwischen immer größerer Anstrengungen, um auch in den nächsten Jahren als sicheres Verkehrsflugzeug für Rundflüge mit Passagieren eingesetzt werden zu können. Geflogen wird sie ehrenamtlich von Piloten der Lufthansa wie Claus Cordes.

seiner Flugzeuge und dessen Funktion, vielleicht mit einer Ausnahme: Die A380 ist dafür doch ein wenig zu komplex, um jeden einzelnen Stecker und jeden Kabelverlauf zu kennen …

Das manuelle Fliegen nicht verlernen …

„Eines meiner Lieblingsflugzeuge, das ich fliegen durfte, war zugleich Thema meiner Diplomarbeit: die außerordentliche Arado Ar 79, mit der ich dann auch den letzten Flug nach Berlin gemacht habe. Sie steht seit 2001 im Deutschen Technikmuseum in Berlin". Bis heute ist Claus Cordes 27.000 Stunden auf zahlreichen Mustern geflogen, davon 2.500 mit der Ju 52. Seit 1983 ist er, der in Bad Schwartau lebt, dem Aeroclub von Lübeck verbunden, wirkt dort seit 2015 auch als Fluglehrer und Segelflugreferent. Und wie schafft man das alles, wenn man zugleich auch noch als selbstständiger Ingenieur für Flugmechanik und Flugbetriebstechnik einen Lehrauftrag an diversen Hochschulen in Deutschland erfüllt? „Ich war so gut wie nie krank, dazu hatte ich in der Tat keine Zeit".

Beruflich bei der Lufthansa begann die Zeit der Verantwortung als Kapitän, 1995 zunächst im Cockpit von Airbus A319, A320 und A321, danach, ab 2000, die Entdeckung der Welt mit MD 11 für Lufthansa Cargo. Und tatsächlich hatte Claus Cordes bei der Gelegenheit auch das Vergnügen, den Globus buchstäblich in einem Rutsch – mit Zwischenlandungen – zu umrunden. Seit September 2013 trägt er Verantwortung im Cockpit des Airbus A380, dem unumstrittenen Flaggschiff der modernen zivilen Luftfahrt weltweit.

Seine Leidenschaft, es privat mit Kolbenmotor und Wind um die Nase, jenseits aller computerisierter Flugsteuerungssysteme, den Pionieren der Luftfahrt gleich zu tun, hat auch mit Instinkt und Überzeugung zu tun. „Ich will das Fliegen nicht verlernen und es ganz verstehen. Das gelingt mir zunehmend besser. Jedenfalls glaube ich, auf diesem Weg ein gutes Stück vorangekommen zu sein!" Der Hintergrund dieser nahezu zwanghaften Sucht, von Fall zu Fall den Autopiloten zu ächten, darf und sollte bei anderen Piloten Nachdenklichkeit produzieren. Es könnte nämlich sein, wie es auch der Geschäftsführer der Frachtgesellschaft Aero-

Freizeitspaß mit Sternmotor: Claus Cordes, angemessen gekleidet, vor seiner Focke-Wulf Fw 44 „Stieglitz".

Logic an einer anderen Stelle im Interview argwöhnt, dass den jüngeren Piloten in den hochmodernen Cockpits der Verkehrsluftfahrt, die den Crews die komplette Flugsteuerung in allen Lagen abnimmt, das Gefühl für das wirkliche, das manuelle Fliegen zum Teil abhandenkommt. „Deshalb steuere ich die letzten 5.000 Höhenmeter vor der Landung auch mit dem Airbus A380 von Fall zu Fall per Hand und animiere manchmal auch meinen First Officer, den Autopiloten auszuschalten. Gelegentlich schaut der dann etwas verdutzt aus der Wäsche."

Natürlich muss sich der Fluggast heute und morgen nicht fürchten, wenn sein jeweiliger Pilot seine Freizeit nicht mit Fliegen verbringt. Qualifizierte Aus- und Weiterbildung, penible Kontrollen und ausgefeilte Regelwerke sowie gründliche Wartung haben die Luftfahrt sicherer gemacht, als sie es je war.

Und dennoch: War es vielleicht nur einem „alten Hasen" wie Chesley B. Sullenberger möglich, den Airbus A320 nach Totalausfall beider Triebwerke einst, wie ein Segelflugzeug, ohne Personenschaden auf dem Hudson vor Manhattan in New York zu landen? Es darf vermutet werden, dass dieses Manöver Claus Cordes ebenfalls gelungen wäre.

Die Cessna 208B Grand Caravan ist das Arbeitspferd der tansanischen Coastal Aviation.

Eicker de Klerk

Der Buschpilot

Der Südafrikaner Eicker de Klerk ist Chefpilot der tansanischen Coastal Aviation.

Fünf gestreckte Finger und ein leichtes Lächeln: Worte gingen im sonoren Motorengeräusch unter, also beschränkt sich Eicker de Klerk auf klare Handzeichen. „Noch fünf Minuten bis zur Landung" möchte der Pilot seinen Mitreisenden signalisieren, und erntet damit doch nur fragende Blicke der acht Passagiere an Bord: „Wo nur, um Himmels willen?"

Unter der von de Klerk gesteuerten Cessna 208B Grand Caravan ist nichts zu finden als rotbraune Ödnis, die vereinzelt von dunkelgrünen Baumwipfeln und einem sich irrwitzig windenden Flusslauf durchbrochen wird. Unberührt erscheinende Wildnis: Das ist alles, was sich dem Betrachter aus 2.000 Metern Höhe, also rund 6.500 Fuß, bietet. Nichts als Natur. Afrikas unendliche Weite: vielbesungen und vielgerühmt. Ostafrika, wie man es aus dem Hollywood-Blockbuster „Jenseits von Afrika" oder dank der Beiträge des deutschen Tierfilmers Bernhard Grzimek kennt. Zugegeben: Der gerade überflogene Selous-Nationalpark, im Südosten Tansanias gelegen und nach dem britischen Großwildjäger Frederick Courteney Selous benannt, ist vielleicht nicht ganz so berühmt wie die im Norden des Landes befindliche, von Grzimek mehr als einmal portraitierte Serengeti. Doch er gilt mit seinen rund 54.600 Quadratkilometern nach wie vor als das größte kontrollierte Wildschutzgebiet des Schwarzen Kontinents. Urbanität ist hier fehl am Platze; Asphaltpisten oder gar klimatisierte Terminals sind es erst recht! Hier haben sich die Menschen als solche zu verhalten, die sie sind: Besucher.

Zu den Stammgästen im Busch zählt de Klerk. Zig Mal pro Woche fliegt der Südafrikaner die staubigen, unbefestigten Airstrips der Reservate an, um zumeist Europäern, US-Amerikanern oder Australiern die schützenswerte Tierwelt Ostafrikas näherzubringen. In anderthalb Tagen Safari – das Kisuaheli-Wort für „Reise" – bekommen Abenteuerlustige locker Tausende Vögel, Hunderte Impalas und Krokodile, Dutzende Giraffen, Elefanten, Kudus, Zebras oder Löwen und mit etwas Glück sogar Leoparden, Büffel oder ein Nashorn zu sehen. Auf die ersten Menschen stoßen sie hingegen vermutlich erst beim ersten eisgekühlten „Safari"-Bier am Lagerfeuer in einem der Camps und Lodges, die nicht selten eng mit Coastal Aviation zusammenarbeiten, wenn sie nicht gerade selbst zum Konzern gehören.

Pionierin ihrer Zunft

Die vor etwas mehr als 30 Jahren gegründete Fluggesellschaft gilt als eine der größten Airlines zwischen Nairobi und Kapstadt. Und de Klerk ist ihr Chefpilot. Dem 1988

Geborenen ist als Kind des Kontinents die Fliegerei in Afrika, speziell die Buschfliegerei, natürlich vertraut. Mit dem „Flug-Virus“ infiziert wird er bereits in der frühen Kindheit. „Wir lebten in direkter Nachbarschaft zum internationalen Flughafen in Johannesburg, der heute O.R. Tambo International Airport heißt. Außerdem bin ich mit meinen Eltern wirklich viel verreist“, so seine Erinnerung.

Das kleine Einmaleins des Fliegens bringen ihm versierte Lehrer auf Cessna 172 schließlich in Pretoria, der Hauptstadt Südafrikas, bei – ab 2007, direkt nach dem Schulabschluss. Zwei Jahre später hat er dann die CPL(A) in der Tasche. Diese Lizenz berechtigt zum kommerziellen Führen von Flugzeugen, die von nur einem Piloten betrieben werden dürfen. Ein erster Schritt ist getan, mehr aber auch nicht.

Fortan gilt es für den Jungspund, Erfahrungen zu sammeln. Denn wenn de Klerk etwas weiß, dann, dass gesammelte Flugstunden in diesem Job essenziell sind. Seine erste Anstellung führt ihn nach Namibia, anschließend absolviert er Vermessungs-, Foto- und Sightseeingflüge in Südafrika und Mosambik. Malawi und Sambia heißen weitere Stationen seiner Laufbahn, hier trifft er auch seine jetzige Frau Tina, bis er 2014 erneut in Mosambik landet. Im selben Jahr heuert er bei Coastal Aviation an. Eine Entscheidung, die sich für ihn, der seit 2016 auch die ATPL in der Tasche und auf seinem Konto rund 5.000 Flugstunden angesammelt hat, nach wie vor richtig anfühlt.

Coastal Aviation gilt als Pionierin in einem Land, das annähernd eine Million Quadratkilometer umfasst und dessen Verkehrsinfrastruktur abseits der wenigen Hauptverkehrswege stark unterentwickelt ist. Luftverkehr dagegen benötigt keine asphaltierten Straßen und Brücken.

Und mit den richtigen Flugzeugen – Coastal Aviation setzt drei Cessna 206, 20 Cessna 208B „Grand Caravan“, eine Cessna 172 und sechs pfeilschnelle Pilatus PC-12 ab ihren Basen in Daressalam, Arusha und auf

Mtemere im Südosten Tansanias heißt eines von annähernd 40 Zielen in Ostafrika, die Coastal Aviation anfliegt.

COASTAL AVIATION

Das 1987 von dem mittlerweile verstorbenen Italiener Nicola Colangelo gegründete Unternehmen betreibt aktuell 30 Flugzeuge, mit denen mehr als 100 Landebahnen – befestigte wie an den großen Flughäfen und unbefestigte im Busch – in Ostafrika angeflogen werden. Die Fluggesellschaft hatte es sich seinerzeit als eine der ersten in Tansania zur Aufgabe gemacht, die touristischen Naturschätze der Region – neben Orten mit einzigartiger Fauna auch die weitgehend unberührte Küste mitsamt ihren kleinen Inseln – zu bedienen.

CESSNA 208B

Die Cessna 208B Grand Caravan ist ein 12,67 Meter langes einmotoriges Turboprop-Flugzeug aus US-amerikanischer Produktion. Die Spannweite beträgt 15,87 Meter. Entwickelt wurde es in den frühen 1980er-Jahren. Das Flugzeug gilt als sehr robust. Insbesondere die großen Räder erlauben auch Starts und Landungen auf unbefestigten Pisten.

Sansibar ein – kommt man außerhalb der in diesem Teil des Kontinents zuweilen recht heftig ausfallenden Regenzeit, also zwischen Mitte März und Ende Mai, auch auf unbefestigten, sandigen Untergründen sehr gut zurecht.

Im Liniendienst in den Busch

Es ist zwanzig nach neun, als de Klerk die Grand Caravan im Selous-Nationalpark, genau genommen auf der staubigen, 1.200 Meter langen Piste in Mtemere aufsetzt und eine voluminöse rote Staubwolke aufwirbeln lässt. Etwas mehr als eine halbe Stunde ist seit dem Start in Daressalam vergangen. Ein (Raub-)Katzensprung. Raus aus dem Moloch, der im Verkehr geradezu unterzugehen scheinenden Millionenmetropole, rein ins Abenteuer, zumindest für die Passagiere.

Nur wenige Minuten wird die Cessna am Boden stehen. Vier Fluggäste steigen aus, sechs dafür ein. „Wir fliegen bis zu dreimal täglich von Daressalam aus im Liniendienst die Airstrips in diesem Park an, in der Hochsaison, Mitte Juni bis August, sogar bis zu viermal pro Tag", erklärt de Klerk, während er beim Verstauen des Gepäcks hilft. In der Buschfliegerei ist der Pilot quasi Mädchen für alles. Doch gerade dieses selbstständige Arbeiten liebt de Klerk.

Das Wetter, die unbefestigten Pisten und insbesondere die darauf nicht selten anzutreffenden wilden Tiere zählen hier zu den großen Herausforderungen im aviatischen Tagesgeschäft. Kein Mensch käme auf die

Idee, so der Südafrikaner, die einfachen Plätze, von denen es Hunderte in Tansania gibt, einzuzäunen.

Zuweilen muss de Klerk Ehrenrunden ziehen, bis besonders störrische Tiere durch das laute Motorengeräusch von der Bahn vertrieben sind, denn einen direkten Zusammenstoß beispielsweise mit einem auf der Bahn stehenden Elefanten gilt es zu vermeiden, zumal eine Cessna und ein ausgewachsener Rüsselträger annähernd in derselben Gewichtsklasse boxen.

Um kurz nach halb zehn startet die Cessna 208B wieder Richtung Daressalam. De Klerk lässt seine Einmotorige gemütlich an Höhe gewinnen, bevor er rechts abdreht und über den Wipfeln der Baumkronen am Horizont verschwindet. Und während sich langsam die beigefarbenen Jeeps der unterschiedlichsten Camp-Betreiber mit ihren beige gekleideten, eben erst eingetroffenen Gästen von der überwiegend grau-grünen

Foto oben: Coastal Aviation fliegt in der Hochsaison die staubigen, unbefestigten Pisten in den tansanischen Nationalparks, von denen es Hunderte gibt, zum Teil mehrmals täglich an.

Foto links: Flughafenzäune und Terminal? Fehlanzeige! Zuweilen teilen sich die Fluggäste schattige Warteorte mit kleinen Äffchen.

Carol Kesaobaka Cassim wurde in Francistown, Botswana, geboren und absolvierte seine fliegerische Ausbildung in Südafrika.

Rechts oben: Ein ganz besonderes Reiseziel vor der tansanischen Küste ist die winzige Ferieninsel Fanjove. Sie gehört zum Songo-Songo-Archipel und liegt etwa 123 Kilometer südlich von Daressalam.

Rechts unten: Das einzige steinerne Gebäude auf Fanjove ist ein Leuchtturm aus deutscher Kolonialzeit. 1894 erbaut, war er noch bis in die 1960er-Jahre hinein in Betrieb.

Savanne sprichwörtlich geschluckt werden, langsam in Bewegung setzen, gönnt sich der aufgewirbelte Staub alle Zeit der Welt, um sich wieder auf die Piste 09/27 zu legen.

Stille kehrt ein. Die ersten Impalas trauen sich aus dem Dickicht heraus, ein Warzenschwein kreuzt die Bahn, und die eben noch neugierigen Affen – Professor Grzimek hätte sie auch ohne Lexikon als Südliche Grünmeerkatzen identifiziert – kehren dem Landestreifen den Rücken. Die nächste Ankunft wird schließlich erst am frühen Nachmittag erwartet.

Das Gros der Touristen erlebt zunächst einmal zwei, drei Tage Safari und gönnt sich anschließend eine entspannende Zeit am Meer. Entsprechend gestrickt ist daher der Flugplan der Coastal Aviation, die sich nicht nur nach dem Kommen und Gehen internationaler Fluggesellschaften in Daressalam oder am internationalen Flughafen Kilimanjaro richtet, sondern ihren Passagieren, momentan werden rund 170.000 Oneway-Tickets pro Jahr verkauft, auch in ihrem Netz Anschlussflüge offeriert. Beispielsweise Mtemere – Daressalam – Songo Songo.

Im Liniendienst in den Busch

Den Flug dorthin übernimmt am heutigen Mittag Piloten-Kollege Carol Kesaobaka Cassim. De Klerk stehen qua Chefpilotenamt noch arbeitsreiche Bürostunden bevor. „Ich fliege zwar lieber, doch dieser Part nimmt inzwischen den größeren Teil meiner Arbeitszeit ein."

Cassim, 1989 in Botswana geboren, steht seit April 2016 in Diensten der Coastal Aviation. „Tatsächlich ist der Anteil ausländischer Piloten bei uns recht hoch", berichtet de Klerk. Das Gros komme aus dem benachbarten Kenia. Doch auch die tansanische Regierung habe inzwischen ein Programm aufgelegt, um einheimische Nachwuchskräfte zu fördern. Und Piloten werden selbst im Busch händeringend gesucht. Zum Glück für de Klerks Kollegen. Denn die Beschäftigungslage im eigenen Land ist eher eingeschränkt.

Interesse an der Fliegerei weckte in Cassim einst sein Cousin, ein Pilot der Luftwaffe Botswanas. Doch eine militärische Karriere war nichts für den jungen Schulabgänger. Er absolvierte die fliegerische Ausbildung im benachbarten Südafrika. „Bis zu jenem Tag hatte ich noch nie in einem Flugzeug gesessen. Ich spürte sogar ein ganz kleines bisschen Angst." Was heute bei diesem Routinier, der mittlerweile auf rund 4.000 Flugstunden kommt, schwer vorstellbar scheint.

Das Ziel seines heutigen Fluges, der Flughafen Songo Songo, befindet sich auf einer kleinen Insel, deren winziges Nachbar-Eiland Fanjove ein besonderes Relikt aus deutscher Kolonialzeit zu bieten hat: einen 1894 erbauten, längst nicht mehr leuchtenden Leuchtturm.

Shabby chic im Paradies. Denn im Indischen Ozean knapp unterhalb des Äquators, lassen sich Sehnsüchte stillen. Wer möchte schließlich nicht einmal im Leben drei, vier Nächte wie Robinson Crusoe auf einer einsamen Insel leben, zumal dann, wenn auf einen gewissen Luxus nicht verzichtet werden muss?

De Klerk kennt die Ziele, die sein Unternehmen ansteuert, aus dem Effeff. „Es kommt gar nicht einmal so selten vor, dass wir selbst im Busch oder am Meer in einer Lodge beziehungsweise einem Resort übernachten müssen.“ Man könnte ihn beneiden. Jedoch: „Meine Frau und ich – wir werden nicht ewig hierbleiben. Das steht fest. Die Branche ist so schnelllebig, in einer Pilotenlaufbahn kann sich gerade in Afrika so schnell so vieles verändern.“

Außerdem: „Einen großen Lebenstraum habe ich mir noch nicht erfüllt.“ Was angesichts dieses Arbeitsumfeldes unfassbar klingt. Wenn de Klerk träumt, dann rauschen GE90-115B-Triebwerke von General Electric in seinen Ohren. „Einmal eine Triple Seven über die schneebedeckten Gipfel der Alpen zu steuern, das ist mein großes Ziel.“ Dafür würde er sogar einen Wechsel des Arbeitsplatzes in Kauf nehmen. Irgendwann einmal. „Viele Kollegen lehnen eine Beschäftigung bei einem Nahost-Carrier ab“, plaudert de Klerk aus dem Nähkästchen. „Ich dagegen könnte mit gut vorstellen, beispielweise bei Emirates zu arbeiten.“ Wegen der Boeing 777, versteht sich, „und weil Emirates Destinationen im Alpenraum im Programm hat.“ Was will der Südafrikaner mehr?

4130m
RUNWAY AHEAD
K2 12R CAT I
12R
RUNWAY AHEAD
K
Z1
AeroLogic
Z2
Z
Z

Anne Rech

Als Postbotin auf der Langstrecke

Eine von zehn „Triple Seven" der Frachtfluggesellschaft AeroLogic. Das am Flughafen Leipzig/Halle ansässige Unternehmen ist, wie die junge Pilotin, mit der Boeing 777F rundum zufrieden. Falls sich ein Bedarf für eine Vergrößerung der Flotte abzeichnen sollte, käme also kein anderer Flugzeugtyp in Frage.

Als First Officer ist sie eine von 27 weiblichen Piloten, die für die Frachtairline AeroLogic gegenwärtig 27 Ziele in aller Welt anfliegen. Im Cockpit des großen Zweistrahlers trägt die 26-jährige Anne Rech seit mehr als einem Jahr Mitverantwortung für einen reibungslosen Transportverkehr zwischen den Kontinenten.

Crewwechsel auf dem Flughafen Kempegowda International von Bengaluru im Süden Indiens nach knapp vierstündigem Flug von Singapur. Das zweistrahlige Großraumflugzeug vom Typ Boeing 777F befindet sich auf dem Rückweg von Südostasien nach Leipzig. Am Vortag ist es dort mit Fracht zu den Zielen Bangkok und Singapur gestartet, und nun hat es Pakete an Bord, die für Empfänger in Deutschland bestimmt sind und am Abend im DHL-Zentrum am Flughafen Leipzig/Halle, dem größten DHL-Luftdrehkreuz weltweit, sortiert und weitergeleitet werden. Die mit knapp neun Millionen Einwohnern nach Delhi und Mumbai drittgrößte Stadt Indiens gilt als bedeutende Wirtschaftsmetropole mit Wachstumspotenzial und gehört deshalb zu den 27 Zielen in aller Welt, die von der Gesellschaft AeroLogic angeflogen werden. Die verfügt inzwischen über zehn Boeing 777F, die von 275 Pilotinnen und Piloten geflogen werden. Mit 27 Frauen im Cockpit, also zehn Prozent Flugzeugführerinnen, hat die in Leipzig beheimatete Frachtairline im Vergleich zu anderen deutschen Fluggesellschaften einen verhältnismäßig hohen Anteil an Pilotinnen.

Das Management von AeroLogic legt, neben der erforderlichen Qualifikation, einigen Wert auf ein korrektes und seriöses Erscheinungsbild der Crews in der Öffent-

lichkeit. Das findet optisch gerade seine Bestätigung. Schärfer jedenfalls können Uniformhosen nicht gebügelt sein, in denen Flugkapitän Jürgen Tostmann und seine erkennbar jugendliche Kollegin die Gangway zum Cockpit heraufkommen. Anne Rech ist gerade 26 Jahre alt geworden und fliegt den großen Zweistrahler mit seinen mehr als 300 Tonnen Abfluggewicht zur Zeit der Erscheinung dieses Buches seit gut einem Jahr als First Officer. An den Werktagen sind die zehn Boeing 777F „Triple Seven" im Auftrag von DHL unterwegs, an den Wochenenden vorwiegend für die Lufthansa. Die und DHL sind zu je 50 Prozent Anteilseigner der Gesellschaft, im Rahmen eines Joint Venture.

Ein im internationalen Vergleich extrem „schlankes" Unternehmen mit insgesamt 365 Mitarbeitern, von denen also 275 in den Cockpits sitzen und mit Boeing 777F so intensiv, wie es der Einsatzplan zulässt, von Leipzig und Frankfurt aus in alle Welt steuern. Der Ladefaktor nach Gewicht lag 2017 bei 72,7 Prozent. Da Pakete gelegentlich relativ leicht sind, gibt es noch den nicht systematisch erfassten inoffiziellen Volumenladefaktor, und der liegt häufig bei 100 Prozent. Nicht auszuschließen, dass sich die Anteilseigner Lufthansa und DHL alsbald zu einer Erweiterung der Flotte auf dann zwölf Zweistrahler vom Typ Boeing 777F entscheiden.

Der Begriff AeroLogic ist zugleich Programm. Es gilt, nach Möglichkeit lange Standzeiten zu vermeiden. Das Be- und Entladen der zehn Boeing 777F „Triple Seven" an den bisher 27 Frachtflughäfen, die von der Gesellschaft angeflogen werden, läuft reibungslos. Logistische Perfektion spart Zeit, und Zeit ist bekanntlich Geld. An den Wochentagen wird vornehmlich Post im Auftrage von DHL transportiert, an den Wochenenden überwiegend Facht für Lufthansa Cargo.

Anne Rech nach dem Sichtcheck am Hauptfahrwerk der Boeing 777F. Sie ist eine von von 27 Pilotinnen in den Cockpits der Flotte von AeroLogic. Der Anteil der weiblichen Crewmitglieder liegt bei zehn Prozent. Das sind mehr als bei den meisten anderen Gesellschaften, obwohl auch hier noch viel Luft nach oben ist. Die Anforderungen an Qualifikation und Identifikation mit der Unternehmensphilosophie sind für alle gleich.

Abfluggewicht 313,7 Tonnen

D-AALE ist abflugbereit auf dem Flughafen von Bengaluru. In Südindien ist es 12.15 Uhr, errechnete Ankunftszeit in Leipzig gegen 16.45 Uhr Ortszeit. Anne Rech bestätigt „German Cargo 531 cleared for departure“ und schiebt die beiden Gashebel nach vorn. Start auf der mit 4000 Metern recht langen Runway 09 für den neunstündigen Flug zum Ziel, das seit 2009 zugleich die Basis für AeroLogic ist. Mit 91,3 Tonnen ist der Laderaum heute zu 90 Prozent ausgelastet. Flugkapitän Jürgen Tostmann lehnt sich entspannt zurück, weil Anne Rech, die inzwischen im Steigflug dem noch fernen Ziel entgegenjettet, den heute 313,7 Tonnen schweren Transporter erkennbar routiniert zwar von rechts, andererseits aber „mit links“ im Griff hat.

Von den 27 Zielen in der Welt hat sie bereits einige kennengelernt. Sie war ein paarmal in Hongkong, Schanghai und Ho-Chi-Minh-Stadt, der ausgeklügelte Dienstplan hat sie nach Singapur, Mumbai, Dubai und Bahrain auf den Weg geschickt. Fühlt sie sich wohl bei AeroLogic? „Vielleicht gibt es irgendwo Gesellschaften, bei denen ich ein paar Euro mehr bekommen würde, aber mich interessieren einige andere

Flughafen Dubai, Luftfahrtdrehkreuz in den Arabischen Emiraten. Die Destination zählt zu den von AeroLogic häufig und regelmäßig angeflogenen Zielen. Der bedeutendste Airport im Nahen Osten wird gegenwärtig von mehr als 100 Fluggesellschaften genutzt und hat seine Kapazitätsgrenze trotz mehrfacher Erweiterung nahezu erreicht. Der neue Airport „Dubai World Central International" ist im Bau.

Besonderheiten und Bedingungen, und die sind perfekt", sagt sie und meint vor allem das Betriebsklima, die gegenseitige Wertschätzung und das Wissen darum, dass diese noch immer aufstrebende Gesellschaft kerngesund ist: „Ich muss nicht ständig das Gefühl haben, dass mein Arbeitgeber kritischen Zeiten entgegensieht." Ihr Kollege Jürgen Tostmann, links neben ihr sitzend als verantwortlicher Flugzeugführer, stimmt der Analyse zu. Früher flog er MD-80 und Airbusse von A320 bis A340 und war, bevor er 2012 zu AeroLogic kam, für Austrian Airlines unterwegs. Anne Rech freut sich auf die Herausforderungen der Zukunft.

Sie wird auch die anderen Ziele kennenlernen, wird Houston, New York und Chicago anfliegen, die Destinationen in Südamerika wie Montevideo, Buenos Aires, Natal oder Campinas in Brasilien, und irgendwann wird Anne Rech von Hongkong aus, nonstop quer über den Pazifik nach Cincinnati, den mit 15.10 Stunden längsten Flug erleben, den der Flugplan von AeroLogic zu bieten hat. Und was macht generell den Reiz aus, Fracht zu befördern statt Passagiere? „Ohne den Fluggästen im Passagierverkehr zu nahe treten zu wollen, sagen wir scherzhaft: Fracht ist geduldig. Sie beschwert sich nicht über mangelhaften Service oder

AEROLOGIC

Die Gesellschaft AeroLogic hat ihren Firmensitz in Schkeuditz auf dem Flughafen Leipzig/Halle. 275 der insgesamt 365 Mitarbeiter haben ihren Arbeitsplatz in den Cockpits der gegenwärtig zehn Großraumjets von Typ Boeing 777F. Das Unternehmen ist das Ergebnis eines Joint Venture von DHL Express und Lufthansa Cargo zu je 50 Prozent und wurde am 12. September 2007 gegründet. AeroLogic befördert an den Wochentagen vornehmlich Post im Auftrag von DHL und an den Wochenenden Fracht für Lufthansa Cargo zu 25 Destinationen.

BOEING 777F

Das damals weltweit größte Frachtflugzeug Boeing 777F hatte seinen Erstflug am 14. Juli 2008 und wurde auf der Basis der 777-200LR entwickelt. Der zweistrahlige Großraumjet mit seinen leistungsstarken GE90-110B1-Triebwerken kann auf der Langstrecke (Reichweite gut 9.000 km) eine Nutzlast von knapp 103 Tonnen befördern. Fahrwerk und Zwischenboden sowie eine Reihe von Strukturen sind, verglichen mit der Passagierversion, für die Frachtaufgabe verstärkt worden.

Übelkeit während der unvermeidbaren Turbulenzen!“

Start mit Hindernissen

Anne Rech war nach ihrem Abitur in Fürth zunächst etwas unentschlossen und wusste also nicht so recht, welchen Beruf sie ergreifen sollte. Am Flugplatz Erlangen kam ihr dann die Idee, erst einmal die Privatpilotenlizenz (PPL) zu erwerben, zumal ihr Freund bereits als Berufspilot Geld verdiente. Nach wenigen Wochen Schulung bat sie dann ihre Eltern um einen Kredit in Höhe von 70.000 Euro, weil sie nun ebenfalls berufliche Perspektiven ins Auge gefasst hatte. So machte sie nach dem PPL zügig weiter auf dem Weg zur kommerziellen Lizenz (CPL) und zur ATPL, mit der die Anstellung bei einer Airline möglich wird. Als Anne Rech die Theorie fast beendet und zu ihrem Glück den vollen Preis für die Ausbildung noch nicht bezahlt hatte, wurde ihrer Flugschule vom LBA wegen krasser Verfehlungen die Lizenz entzogen. Also buchstäblich fliegender Wechsel zur FMG Paderborn, und, nach entsprechendem Checkflug, weitere Ausbildung auf der zweimotorigen Piper Seneca V, bis die gesteckten Ziele IFR, CPL und ATPL erreicht und der 70.000-Euro-Kredit verbraucht waren. 2013, ausgebildet zur Berufspilotin, 21 Jahre jung, und nun? Bewerbungen schreiben, immer wieder, ohne Rückmeldung. Keine Bewegung auf dem Pilotenmarkt. „Eine Zeitarbeitsfirma vermittelte mir dann einen Job als Ramp Agent am Flughafen Nürnberg.“ Die Aufgabe, auf dem Vorfeld Flugzeuge auf den Abflug vorzubereiten, zu koordinieren und damit „die andere Seite“ der Fliegerei kennen zu lernen hat sie nie bereut. Denn heute kann und muss sich Anne Rech auf die Hilfestellung ihrer Kolleginnen und Kollegen von damals verlassen. „Ein Jahr später begann ich mit meinem Aviation-Management-Studium, und am dritten Tag in der Uni flatterte mir die Zusage auf den Tisch, bei der Luftfahrtgesellschaft Walter mbH (LGW) in Dortmund als First Officer auf Bombardier Q400 anzuheuern.“ Und als sie bereits für LGW im Einsatz war, studierte Anne Rech weiter, „sogar zwei Semester auf einmal, weil mich das Thema interessierte“.

Unmittelbar hinter dem Cockpit stehen den gelegentlichen Begleitern auf den Flügen von AeroLogic vier bequeme Kuriersitze zur Verfügung. Manchmal sitzen dort Wildtierpfleger, weil es schon mal vorkommt, dass Nashörner oder Elefanten von einem Zoo zum anderen transportiert werden. Häufiger sind edle Reitpferde an Bord, die zu Züchtern oder internationalen Wettbewerben unterwegs sind und während des Fluges betreut werden müssen. Jenseits ihrer jeweiligen Aufgaben können die Kuriere ein ganz besonderes Flugerlebnis genießen, sie haben, anders als in einem Passagierflugzeug, Zugang zum Cockpit und erleben dann den Flug aus der exklusiven Perspektive der Piloten.

German Cargo 531 hat mehr als die Hälfte der Strecke geschafft. Vor uns wächst ein schwarzer Bergkegel aus den tief liegenden Wolken empor. Der geheimnisvolle Ararat im armenischen Hochland, kurz vor der Grenze zur Türkei, liegt haargenau auf Kurslinie nach Leipzig. Trotz guter Sicht auf die 5.137 Meter aufragende Spitze sind auch bei dieser Gelegenheit die Reste der Arche Noah nicht auszumachen.

Anne Rech hat inzwischen mehr als 1.000 Flugstunden in unterschiedlichen

Damals in Florenz. Anne Rech flog nach Erwerb ihrer Lizenzen wie IFR, CPL und ATPL zunächst bei der Luftfahrtgesellschaft Walter mbH (LGW) als First Officer im Cockpit der Bombardier Q400 vorwiegend auf innerdeutschen Strecken sowie ins angrenzende Ausland – u. a. nach Bologna, Florenz, Graz und Salzburg. An die viel größere und schwerere „Triple Seven" hat sie sich, wie ihre Ausbilder versichern, schnell gewöhnt.

Cockpits zurückgelegt. Ihre drei älteren Brüder sind mächtig stolz auf die „kleine" Schwester, die sich in der einstigen Männerdomäne qualifiziert behauptet. Parallel zu ihrem Einsatz als 1. Offizier für LGW auf der Q400 hat sie „vorsichtshalber" auch deshalb ihr Studium nicht abgebrochen, „weil die zunehmenden Umstrukturierungen und beginnenden Unruhen in meiner damaligen Firma auf eine ungewisse Zukunft schließen ließen". Auch diese Erfahrungen werden unterschwellig eine Rolle spielen, wenn sie heute ihre Situation bei AeroLogic als relativ stressfrei beschreibt, weil das gut organisierte Unternehmen ganz offenbar kerngesund einer erfolgreichen Zukunft entgegensteuert. Von Stuttgart aus flog Anne Rech damals vorwiegend auf innerdeutschen Strecken, aber auch regelmäßig nach Bologna, Florenz, Graz und Salzburg, nach Jersey und Guernsey. Fliegerischer Mikrokosmos, dem sich nun seit einem Jahr die Entdeckung der Welt mit den Großraumflugzeugen von AeroLogic angeschlossen hat.

Anflug auf den Heimatflughafen Leipzig/Halle nach knapp zehn Flugstunden. Anne Rech freut sich auf drei freie Tage, aber auch bereits jetzt auf den nächsten Langstreckenflug. Sie kann nicht genug kriegen von „ihrer" Triple Seven, ist aber dennoch daran interessiert, Aviation Management weiterzustudieren und zum Abschluss zu bringen. „Wer weiß denn", murmelt sie halblaut während des Aufsetzens, „wozu man das noch mal gebrauchen kann."

Vier A320 sind inzwischen der ganze Stolz der südostasiatischen Lao Airlines, für die der Österreicher Harald Summer fliegt.

Harald Summer

Der Liebe wegen nach Laos

Der österreichische A320-Kapitän Harald Summer steht seit 2011 in Diensten der Lao Airlines.

Ein technisches Meisterstück in taubenblau. Direkt voraus: das Primary Flight Display, PFD abgekürzt, das die wichtigsten Daten des Flugzeuges anzeigt. Wie ist die Lage des Flugzeuges im Raum? Wie hoch ist die Geschwindigkeit? Die Flughöhe? Wie schnell die Sink- oder Steigrate? Gleich daneben: das Navigation Display, auf dem die Piloten ihre exakte Position ablesen können; das Auskunft gibt über Wetterlagen und Funkfeuer oder dank des TCAS (Traffic Alert and Collision Avoidance System) die Verkehrslage widerspiegelt. Über den in doppelter Ausführung vorhandenen Haupt-Bildschirmen: die Flight Control Unit, über die der Autopilot zu regeln ist, und das EFIS Control Panel, die Schaltstelle des komplizierten Fluginstrumentensystems.

Zwischen den Plätzen in einfacher Ausführung die Triebwerksanzeige und das Multifunktionsdisplay. Und nicht zu vergessen: der Hebel fürs Fahrwerk. Dazu Pedalen in jedem Fußraum, Schub- und Klappenhebel sowie Trimmrad in der Mittelkonsole, Dreh- und noch mehr Schaltknöpfe, zig Sicherungen über den Köpfen und natürlich das Wichtigste: je ein Sidestick für beide Piloten zum Steuern des Flugzeuges. Für den Kapitän links, für den Kopiloten rechts. So viel steht fest: Harald Summers Arbeitsplatz, das Cockpit eines Airbusses, ist zumindest ein für Laien nur schwer zu verstehender Ort.

Seit nunmehr 13 Jahren steuert der Vorarlberger A320, davon mehr als zehn Jahre als Kapitän. Doch das nicht etwa, was bei einem Österreicher vielleicht nahe läge, bei Austrian oder LaudaMotion. Summer hat seinen Lebensmittelpunkt im fernen Südostasien gefunden. Gearbeitet wird bei Lao Airlines, gelebt mit Ehefrau Somphong und Tochter Sarita etwa 20 Kilometer außerhalb der laotischen Hauptstadt Vientiane auf einer kleinen Farm.

Denn wie sehr er sich bereits in seiner exotischen Heimat akklimatisiert hat, beweist die Tatsache, dass er im wahrsten Sinne des Wortes immer wieder Wurzeln schlägt. Summer baut in seiner Freizeit mit Leidenschaft Reis an – mehr noch: unzählige Gemüse- und Obstsorten wachsen inzwischen in seinem Garten. Sogar fürs Fleisch ist gesorgt: Geflügel, Rinder, Wildschweine und Kaninchen lassen den Speiseplan abwechslungsreich gestalten. So kennt er's von zu Hause, der Bergidylle im westlichen Zipfel Österreichs. So ist er schon aufgewachsen.

Kindheitswunsch wird Realität

Lima, Alpha, Oscar, Sierra: Ob das Wörtchen „Laos" bereits in Harald Summers Kindheit eine Rolle spielt, ist nicht abschließend befriedigend zu klären. Wohl aber, dass er

Der laotische Nationalcarrier hat den ersten Airbus 2011 eingeflottet.

bereits als Grundschüler anfängt, das ICAO-Alphabet auswendig zu lernen. Als bevorzugte Gute-Nacht-Lektüre dient bereits in ganz frühen Tagen ein Buch über das dreistrahlige Großraumflugzeug McDonnell Douglas DC-10. „Schon als kleiner Knirps stand für mich fest, dass ich Pilot werde. Ich konnte mich einfach in keinem anderen Beruf sehen", bringt es Summer auf den Punkt. Und die Frage nach dem Warum kann er nur bedauernd mit einem Schulterzucken beantworten. „Ich weiß es nicht." Niemand in seiner Familie hatte auch nur die Spur mit Luftfahrt zu tun und könnte somit als Vorbild dienen.

So wächst Summer – bodenständig ob seiner Herkunft, aber extrem technikinteressiert – in Rankweil heran, macht Matura und absolviert nach der Schulzeit zunächst einmal eine berufsbildende höhere Schule, Fachrichtung Elektronik, „auch, weil es seinerzeit in Österreich einfach keinen Bedarf an Piloten gab". Doch deshalb vom großen Traum lassen? Auf gar keinen Fall! Summer zieht die Ausbildung durch und wechselt anschließend in die Schweiz. Um Geld zu verdienen, und um damit wiederum die Privatpilotenlizenz (PPL) und die Commercial Pilot Licence (CPL) in den USA finanzieren zu können. Dort ist es günstiger als in Österreich. Summer hat schließlich keinen Schilling zu verschenken.

Amerika bietet ihm darüber hinaus die Möglichkeit, sich die ersten beruflichen Sporen zu verdienen. Nach der 1988 bei der Ace Flying Service in Tallahassee, Florida, begonnenen Ausbildung transportiert Summer zunächst einmal nachts Briefe, überführt tagsüber Flugzeuge, und zu seinen speziellsten Aufgaben zählt zweifellos der Flug mit zehn Schwerverbrechern an Bord. „Wie im Film *Con Air*", erinnert sich Summer, nur, dass es während seines Fluges glücklicherweise zu keinen außergewöhnlichen Zwischenfällen kommt.

In die Welt der Prominenten taucht er bei der in Orlando ansässigen Arnold Palmer Golf Design Corporation ein. Der

LAO AIRLINES

Die nationale Fluggesellschaft des kommunistischen Landes wurde 1976 als Pathet Lao Airlines gegründet. Mit sowjetischer Unterstützung erfolgte die Betriebsaufnahme mit je einer Antonow AN-24 und Jakowlew JAK-40. Die Airline (IATA-Code: QV) hat ihren Sitz in der Hauptstadt Vientiane und zählt derzeit etwa 960.000 Passagiere pro Jahr. In der Flotte stehen vier A320 und sieben ATR 72.

AIRBUS A320

Die A320 absolvierte am 22. Februar 1987 ihren Erstflug und zählt heute zu den am häufigsten verkauften Flugzeugtypen weltweit. Die 200er-Version ist 37,57 Meter lang und hat eine Spannweite von 34,10 Metern. Sie bietet 150 bis 180 Passagieren Platz. Neben der Classic-Version bietet Hersteller Airbus inzwischen auch die A320neo (New Engine Option) mit neuen, moderneren Triebwerken an.

Eine faszinierende Kultur: die berühmte Tempelanlage von Pha That Luang in Vientiane, der Hauptstadt Laos'.

namensgebende Inhaber dürfte insbesondere Sportfreunden als einst weltberühmter Golfer bekannt sein. Inzwischen ist sogar ein kleiner Regional-Flughafen in der Nähe von Pittsburgh nach Palmer benannt. Zu Summers illustrer Fluggastschar jener Tage zählen beispielsweise Jack Nicklaus, bis in die späten 1980er-Jahre hinein ebenfalls einer der weltbesten Golfer, oder Hollywood-Legende John Travolta, selbst ein passionierter Flieger und stolzer Besitzer gleich mehrerer Flugzeuge.

Heimweh nach Österreich

Doch Glamour hin, Stars her: Summer kann damit letztlich wenig anfangen. Es zieht ihn heim nach Österreich. Das hingegen unglücklicherweise in einer Zeit, in der der erste Golfkrieg zwischen dem Irak und dem Iran (1980 bis 1988) für eine Flaute in der internationalen Verkehrsluftfahrt sorgt. „Der Fliegerei ging es schlecht. Ich hatte Schwierigkeiten, einen Job zu bekommen.“ Letztlich klappt es wiederum nur in der Business Aviation, bei VIP-Air. Für einen überschaubaren Zeitraum. Denn bald darauf wechselt er als Werkspilot zur Alpla nach Hard, wiederum etwas später zur Lagertechnik nach Wolfurt. Aufblühen wird er jedoch erst bei Air Alps: „Hier flog ich Dornier 328. Ein ganz tolles Flugzeug“, schwärmt Summer noch heute, der sich allerdings zu jenem Zeitpunkt noch immer nicht am Ziel sieht. Sowohl der Aktionsradius als auch die Aufstiegschancen sind als Dornier-328-Pilot begrenzt. „Heute wird der Flieger nicht mal mehr gebaut.“

Es ist also abermals an der Zeit, sich umzuschauen, welche Möglichkeiten sich darüber hinaus bieten. Airbusse spuken durch seinen Kopf. Und glücklicherweise sucht Gulf Air derzeit händeringend Flugzeugführer. 2005 folgt der Wechsel nach Bahrain. In eine fremde Kultur, in ein für einen Vorarlberger ultimativ herausforderndes Klima, dafür allerdings in eine beruflich vielversprechende Zukunft.

Harald Summer beginnt im Nahen Osten als First Officer. Erst bei seiner nächsten Station, bei der seinerzeit massiv expandierenden Vietnam Airlines, rutscht er nach links

Harald Summers Lebensglück: Ehefrau Somphong und seine Tochter Sarita.

auf den Kapitänssitz. Und der 2007 erfolgte Wechsel hat noch etwas Gutes: Er bringt ihn ein kleines Stückchen dichter an Laos heran.

Der Zufall stand Pate

Der einzige Binnenstaat Südostasiens, der sich zwischen 1975 und Mitte der 1990er-Jahre unter den kommunistischen Regierungskräften geradezu hinter einem eisernen Vorhang verschanzt hatte, fasziniert ihn, seit er ihn 2001 das erste Mal als Tourist bereist hatte. „Ich habe mich sofort in das Land und seine Menschen verliebt." Insbesondere in einen: seine heutige Ehefrau Somphong. So pendelt er die ersten Jahre zwischen seinem privaten Glück in Vientiane und seinem beruflichen in Ho-Chi-Minh-Stadt. Mangels Alternative. 2011 dann der alles verändernde Tag: „Mal wieder am Flughafen von Vientiane angekommen, sah ich eine Projektzeichnung vom neuen Wartungshangar der Lao Airlines, vor dem eine A320 abgebildet war." Okay, es verwundert ihn natürlich, zumal der kleine Nationalcarrier zu diesem Zeitpunkt keine Airbusse, sondern lediglich ATR betreibt. Doch seine Neugierde ist stärker. Summer forscht nach entsprechenden News im World Wide Web. Nichts. „Egal, nachfragen kostet ja nichts", sagt er sich. In der Firmenzentrale. Doch auch da weiß niemand Näheres, allerdings notiert man sich seine Telefonnummer, vorsichtshalber.

Und tatsächlich: Nach einigen Wochen, Summer hat die Hoffnung längst aufgegeben, klingelt plötzlich sein Telefon. „Ich wurde allen Ernstes gefragt, ob ich in der Folgewoche eine A320 in Toulouse abholen könne, ihnen selbst fehlen die Piloten." Ein Witz? Nein! Zwei Tage später der nächste Anruf. „Die meinten es ernst." Kurz darauf

Harald Summer im Kreise seiner Kollegen. Nur wenige Ausländer arbeiten derzeit für Lao Airlines, gerade einmal sechs Piloten und fünf koreanische Kabinenmitarbeiter.

sitzt Harald Summer an einem seiner freien Tage im Flieger nach Südfrankreich, um für Lao Airlines den Abnahme-Flug durchzuführen. So schnell kann's gehen.

Der laotische Nationalcarrier hatte bis zu diesem Zeitpunkt nur partiell Erfahrung mit Airbussen. Jahre zuvor habe mal einer in der Flotte gestanden, erinnert sich Summer; eine in Vietnam geleaste A320 mit vietnamesischen Piloten am Steuer. Doch tatsächlich fängt das Unternehmen mit der eigenen A320 bei Null an – und mit Summer als erstem Airbus-Kapitän in der Firmengeschichte. Denn: „Die haben sich schließlich auch darum gekümmert, dass ich aus dem Vertrag bei Vietnam Airlines herauskam. Mir sollte es nur recht sein."

Der Österreicher baut den Airbus-Flugbetrieb federführend auf. „Inzwischen fliegen wir nach Singapur oder Südkorea und im Charterverkehr bis Japan", bemerkt er nicht ohne Stolz. Dennoch fehlt ihm bis heute ein offizieller Titel. „In einem erzkommunistischen Land vertraut man westlichen Ausländern keine Führungspositionen an."

Doch er ist auch ohne Rang glücklich. Denn das gesamte Lebenspaket stimmt. Sobald er seine Uniform aus- und legere Freizeitkleidung anzieht, lebt er seinen Traum vom Landleben.

Was auch immer die Familie zum Leben braucht, wird selbst produziert. Sogar Pizza backt Summer, seit der eigene Ofen im Garten steht, „mit eigener Tomatensoße aus eigenem Anbau". Und mittlerweile überlegt seine Frau sogar, den Reis, von dem Jahr für Jahr viel zu viel angebaut wird, zu vermarkten. Für Harald Summer steht fest: Sogar, wenn er in Rente geht, möchte er in Laos bleiben. „Ich fühle mich hier einfach zu wohl."

Beech 18 von Flippie Vermeulen. Unbestritten der schönste Vogel auf dem historischen Rand Airport bei Johannesburg.

Flippie Vermeulen

Der Allesflieger aus Leidenschaft

Der Südafrikaner Philippus Vermeulen fliegt nahezu alles, was Flügel hat. Beruflich war er unter anderem mit DC-3, Vickers Viscount, Boeing 727 bis 747, Airbus A320 und A340 für South African Airways unterwegs. Privat bevorzugt er Cockpits, die Handarbeit erfordern, wie das der DC-3.

Bevor es irgendwann im Text vergessen oder von Lesern bezweifelt werden sollte: Ja, laufen kann er auch! Wenngleich die Zeit für Spaziergänge knapp bemessen ist. Viel mehr als 50 Meter ist Philippus „Flippie" Vermeulen selten von irgendeinem Flugzeugcockpit entfernt. Anders ließen sich die 28.000 Flugstunden, die der Südafrikaner in seinem Fliegerleben geknüppelt hat, auch nicht erklären. In den Adern des Ausnahmepiloten fließt eine Mischung aus Jet A1 und Avgas, Nichtfliegern eher als Kerosin und Flugbenzin bekannt. Die Triebwerke, die den Treibstoff, abhängig vom Antriebssystem, konsumieren, kennt Flippie seit mehr als 50 Jahren; weil er dazu neigt, nach ein paar Jetstunden ausgiebig per Kolbenmotor unterwegs zu sein. Wobei es ihm gleichgültig sein kann, ob der alte Drachen mit einem Motor auskommt, ob er über deren zwei, drei oder gar vier verfügt. Der schlanke und sportlich wirkende 70-Jährige bringt so ziemlich alles in die Luft, was Flügel und Niete hat. In südafrikanischen Fliegerkreisen ist der Enthusiast mit seiner Leidenschaft für alles, was fliegen kann und älter als ein halbes Jahrhundert ist, bekannt wie ein bunter Hund.

Sein Lebensmittelpunkt ist seit ein paar Jahren der Rand Airport bei Johannesburg. Das ist so eine Art Mekka der Oldtimerfreaks unter den Piloten. Was andernorts längst der Korrosion zum Opfer gefallen ist, glänzt hier in der trockenen Luft, 1.600 Meter über dem Meeresspiegel, wie am Tag der Produktion vor 60 oder gar 70 Jahren. Drei North American T-6 Harvard rollen in Richtung Piste 29. Das sonore Brummen der bulligen Sternmotoren hat Flippie Vermeulen seit seiner Jugend begleitet und fasziniert. Später, und nach einem langen Fliegerleben in den Diensten von South African Airways (SAA), ist er immer mal wieder schwach geworden und hat mehr oder weniger lufttüchtige historische Flugzeuge gekauft und, nach deren Restaurierung, schweren Herzens wieder verkauft. Heute aber will er seine aktuelle Liebe präsentieren, die 1959 gebaute zweimotorige Beech E18S (ZS-OIJ) „die ich nie verkaufen werde", versichert Flippie und markiert im Briefingroom des Hangars 5 per Filzstift die Positionen für den geplanten Parallelflug. Diesmal wird ein Freund und Kollege die Beech fliegen, und Flippie will mit seiner Cessna 210 den Fotografen in Position bringen. Mit Nordkurs geht es, kurz nach Sonnenaufgang, östlich an Johannesburg vorbei: die „Diva von Rand" vor der Kulisse der Metropole im schönsten Morgenlicht.

„Eines Tages werde ich fliegen..."

Philippus Vermeulen wurde im Oktober 1948 in dem kleinen Ort Gerdau bei Lich-

tenburg in der südafrikanischen Nordwestprovinz geboren, mitten im Farmland, als jüngstes von acht Kindern. Nach seiner Erinnerung war er gerade mal sechs Jahre alt, als er mit seinem doppelt so alten Lieblingsbruder Dries auf dem Farmgelände spielte und, wie regelmäßig damals, wieder mal eine DC-4 von SAA über ihre Köpfe hinweg brummte, auf dem Weg von Johannesburg nach Keetmanshoop oder Windhoek. Ohne den Typ zu kennen oder jemals aus der Nähe gesehen zu haben, sagt der Knirps zu seinem Bruder: „Eines Tages werde ich ein solches Flugzeug fliegen!"

Gemessen an der Tatsache, dass er mit der DC-4 auch heute noch vertraut ist und sie einige Male über den Atlantik geflogen hat, einmal übrigens mit John Travolta als Co., dass er zwei davon vorbildlich restauriert und mit Touristen kreuz und quer durch Afrika geschaukelt hat, war das damals durchaus weitsichtig und nicht übertrieben. Von dem Plan, Pilot zu werden, konnte ihn niemand abbringen.

Die Cessna 210, für Flippie Vermeulen das ganz normale private Fortbewegungsmittel, landet nach dem Fotoflug hinter der Beech 18 auf der Runway 29. Ein Oldtimer mit Geschichte. Diese jüngste Errungenschaft des Südafrikaners war 2008 fliegender Star in dem Hollywood-Streifen „Amelia". Weil keine flugfähige Lockheed 10 „Electra" für die Dreharbeiten aufzutreiben war, musste Flippies optisch ähnliche Beech 18 für die Dreharbeiten über das Leben der Pionierin Amelia Earhart herhalten. Während die zum Hangar 5 rollt, trainieren die drei Harvard AT-6 über dem Rand Airport den Formationsflug. Mit eben diesem Brummer hat Flippie Vermeulen 1967 seine ersten Flugstunden geknüppelt, bei der südafrikanischen Luftwaffe (SAAF). Die war seine einzige Option, weil den Eltern die Mittel fehlten, dem Spross eine zivile Ausbildung zum Piloten zu finanzieren. Damals war er 19 Jahre jung und längst entschlossen, sein Berufsleben in der Luft zu verbringen. Mit der 7 Squadron der SAAF verbrachte Flippie

Mit Nordkurs unterwegs am östlichen Stadtrand von Johannesburg. Als Hobby wäre der Betrieb dieser Beech 18 zu teuer. So wird die „Diva von Rand" für Rundflüge und Exkursionen in die afrikanische Savanne eingesetzt. Jeder der maximal acht Passagiere hat ein großes Fenster für sich allein.

SPRINGBOK CLASSIC AIR

Das Unternehmen gründete Flippie Vermeulen kurz vor seiner Pensionierung bei SAA. Er erwarb den historischen Hangar 5 auf dem Rand Airport bei Johannesburg, in dem er inzwischen eine Reihe von Flugzeugen restauriert hat. Springbok Classic Air bietet Rundflüge und mehrtägige Exkursionen im Süden Afrikas an und verfügt inzwischen mit der „Dakota Lodge" über ein kleines Hotel mit 24 Zimmern, das architektonisch elegant mit dem Hangar 5 verbunden ist.

BEECHCRAFT 18

Zwischen 1937 und 1969 sind mehr als 9.000 Beech 18 in mehreren Versionen für zivile und militärische Zwecke produziert worden. Der erfolgreiche Tiefdecker wurde unter anderem als Frachter und Passagierflugzeug für sechs bis elf Personen eingesetzt. Die Beech 18 wird angetrieben von zwei Pratt & Whitney Junior-Wasp-Triebwerken. Flippie Vermeulen hat sein Flugzeug in Namibia erworben, wo es mit Motorschaden bei Sossusvlei in der Namib-Wüste gestrandet war.

Flippie Vermeulen im Cockpit seiner DC-3, die er 2015 schweren Herzens an den Deutschen Peter Adrian verkauft hat. Sie ist vertraglich bis 2022 in den Farben von AerLingus der 1940er-Jahre unterwegs.

einige Monate auf der Youngsfield Military Base in Kapstadt, trainierte den Umgang mit Bordwaffen auf der Luftwaffenbasis Bloemspruit bei Bloemfontein und erwarb im Anschluss die Lizenz für mehrmotorige Flugzeuge. Mit der DC-3 setzte er alsbald Fallschirmspringer ab und verliebte sich Knall auf Fall in „seine" Dakota. Ihr und seiner Frau Maryna ist er, in geduldeter Bigamie, bis heute treu geblieben; so nachhaltig, dass er vor einigen Jahren den historischen Hangar 5 auf dem Rand Airport erwarb, in dem bereits in den 1950er-Jahren DC-3 gewartet wurden, und wo er seine architektonische Vision realisierte. Er errichtete ein kleines Hotel mit 24 Zimmern neben dem Hangar, taufte es auf den Namen „Dakota Lodge" und gönnt seinen Gästen durch die Panoramascheibe in der Lobby einen Blick in die Maintenance nebenan. Bis 2016 wurde dort u.a. die DC-3 mit der Kennung ZS-NTE gewartet, mit der Flippie zahlreiche Rundflüge rund um Johannesburg unternommen hatte, mit zahlenden Gästen. Zweimal im Jahr sorgten zusätzlich ausgedehnte Safari-Trips für das nötige Kapital, mit dem die Dakota bei Laune gehalten werden konnte. Und sie war in nahezu neuwertiger Verfassung, als sie Flippie Vermeulen an einen Trierer Geschäftsmann verkaufte und 2016 per Etappenflug innerhalb von elf Tagen, kreuz und quer durch Afrika und Osteuropa, nach Zweibrücken überführte. Heute ist die Dakota bei der Irish Historic Flight Foundation von Aer Lingus für Sonderflüge im Einsatz.

Düse und Propeller im flotten Wechsel

Flippie Vermeulen hatte 2002 die DC-3 ersteigert, als er noch aktiver Flugkapitän in den Diensten der SAA war, mit einem Hintergedanken im Kopf. Denn was macht ein Mensch, dessen fliegerisches Berufsleben alsbald planmäßig zu Ende ist? Er trifft Vorsorge, um weiterfliegen zu können! Back to the Roots, von der Düse zurück zum Propeller. Im Jahre 2001 rief Flippie mit seiner Springbok Classic Air eine eigene Oldtimer-Gesellschaft ins Leben, nachdem er zuvor bereits Erfahrungen gesammelt

Bis auf ein paar Instrumente, die den behördlichen Vorschriften für kommerziellen Einsatz geschuldet sind, ist alles original im Cockpit der 70-jährigen DC-3. Springbok Aviation Services hat das betagte Flugzeug kompetent restauriert und regelmäßig gewartet.

hatte als Manager der von ihm im Jahr 1993 gegründeten Gesellschaft SAA Historic Flight. Und natürlich hat Flippie alles geflogen, was damals einigermaßen lufttüchtig restauriert war: Die Ju 52, zwei DC-4 und, mit besonderer Leidenschaft, die geliebte DC-3 „Dakota".

Nach der Zeit bei der Luftwaffe startete Flippie Vermeulen seine beeindruckende Karriere bei South African Airways. Eigentlich hätte er vier Jahre bei der Air Force bleiben müssen. Er nutzte geschickt eine Lücke in den Vertragsbedingungen und wechselte, acht Monate vor seinem 21. Geburtstag, zur SAA. Und am 4. Januar 1970 begann für Flippie das Jet-Zeitalter, zunächst als dritter Pilot im Cockpit des damaligen Langstrecken-Flaggschiffs Boeing 707. Dann wechselte er für gut 700 Flugstunden auf den rechten Sitz im Cockpit der Vickers Viscount 813. Auf der damals brandneuen Boeing 737 sammelte Flippie anschließend als Kopilot Erfahrung und kam, ebenfalls als Co, auf die 707. Parallel flog er die damals brandneue Boeing 747. Flippie Vermeulen war gerade mal 31 Jahre alt, als er Verantwortung übernahm als Kapitän einer Boeing 727 und kurz darauf im Cockpit der Boeing 737. Und als sich SAA für den damals neuen Airbus A320 entschied, ging er zum Training nach Toulouse, blieb der A320-Flotte von SAA für die nächsten vier Jahre treu und flog dann die Boeing 747-400 bis zu ihrer Ausmusterung und zum Schluss Airbus A340 bis zur Pensionierung im Jahre 2011. Damals also der

DC3/C-47

In Deutschland ist die DC-3 vor allem wegen ihres humanitären Einsatzes im Rahmen der Berliner Luftbrücke als „Rosinenbomber" bekannt. Die Douglas Aircraft Company baute 10.655 Exemplare der zivilen DC-3 und der militärischen C-47, weitere 5.424 wurden in Lizenz gefertigt, vor allem in der Sowjetunion. Die DC-3, die ab 1955 auch für die Lufthansa im deutschen Zubringerverkehr unterwegs war, galt als ausgesprochenzuverlässig.

Abschluss eines erfüllten Fliegerlebens. Und nun? Ruhestand? Das war für Flippie Vermeulen nie eine Option. Seiner Leidenschaft für die alten Flugzeuge mit ihren brummigen Kolbenmotoren ist er, neben der komfortablen Verkehrsfliegerei mit ihrer immer fortschrittlicheren Infrastruktur der Cockpits, stets treu geblieben. „Die Faszination besteht im ständigen Wechsel zwischen fliegerischer Gegenwart und Vergangenheit", sagt der Mann, der seit seiner Pensionierung bei SAA und bis vor Kurzem noch den privaten Businessjet Airbus A319 ACJ eines reichen chinesischen Geschäftsmanns zwischen Hongkong und Zielen in aller Welt geflogen hat.

Alte Drachen

Nun konzentriert er sich zu 100 Prozent auf die alten Drachen, die er irgendwo kauft, restauriert und wieder verkauft; so wie eine PBY Catalina, drei DC-3 und die DC-4, mit der Flippie Vermeulen auf dem Flug nach Oshkosh in Wisconsin so ganz nebenbei mit 15.000 Kilometern ein Langstreckenrekord für diesen Flugzeugtyp gelungen ist. Zu Hangar 5 gehören aber auch Schulungsräume, in denen es nicht um altes Aluminium geht. Neben Springbok Aviation Services betreibt Flippie Vermeulen die Springbok Air Academy, die sich auf Airbus A320/330 spezialisiert hat, und ist damit als Trainingskapitän zugleich der fliegerischen Neuzeit verbunden. Es reizt ihn noch immer, neue Erfahrungen zu machen und die stattliche Zahl seiner Ratings nach oben zu korrigieren. Und was wird mit der Beech 18? „I will never sell this bird". wiederholt er, bückt sich leicht und bemängelt den zu schwachen Reifendruck. Eine Kleinigkeit, die in Hangar 5 umgehend behoben wird.

Glücksgefühl für den Autor auf dem Rand Airport bei Johannesburg. Ausnahmsweise durfte er Flippie Vermeulens angestammten Platz im Cockpit der DC-3 einnehmen. Von hier ist der gepflegte Oldtimer 2016 im Etappenflug nach Deutschland überführt worden.

SPRINGBOK

212
214
AirAsia
airasia.com
FRONTIER
1
الإمارات
F-WWAB
1700 m

Thomas Heidemann

Quereinsteiger mit Doppelfunktion

Das Airbuswerk auf der Elbinsel Finkenwerder ist der nach Toulouse zweitgrößte europäische Standort der Luftfahrtindustrie. Es vergeht kaum ein Wochentag, an dem Thomas Heidemann nicht von hier startet und landet. Durchschnittlich erreicht er als Testpilot und Flugversuchsingenieur auf unterschiedlichen Mustern des Airbus 300 Flugstunden pro Jahr.

Die Technik des Airbus A320 ist Thomas Heidemann bis ins kleinste Detail vertraut. Auch weil die Flugzeuge der A320-Familie in respektabler Stückzahl die Endlinie in Hamburg-Finkenwerder verlassen, ist der Testpilot und Flugversuchsingenieur vorwiegend in den Cockpits dieser Muster unterwegs.

Schauplatz Hamburg, Werksflughafen Finkenwerder von Airbus. Wieder ist ein erfolgreiches Jahr für den Luftfahrtkonzern zu Ende gegangen, erneut ein Rekord gebrochen. 285 Flugzeuge der Typen Airbus A319, 320 und 321 sind den Kunden übergeben worden und inzwischen weltweit im Einsatz. Vor allem im letzten Monat des Jahres ging es mit 49 Auslieferungen Schlag auf Schlag. Thomas Heidemann fühlt sich ausgelastet in seiner Doppelfunktion. Er ist einer der wenigen bei Airbus, die ihrer besonderen Qualifikation wegen flexibel eingesetzt werden können, mal als Testpilot für den Erstflug des nagelneuen Produkts nach dem Rollout, mal als FTE, als Flight Test Engineer. Als Testpilot hat er inzwischen weit mehr als 1.000 Stunden in Airbus-Cockpits Verantwortung getragen, als Flugtestingenieur um die 3.000. Heute ist er wieder in dieser Funktion gefragt. „Und wieder werde ich natürlich daran schuld sein", murmelt Thomas Heidemann ohne erkennbaren Groll, „wenn etwas schief geht!"

Längst hat der Ground Test Engineer und Kabinenspezialist die frisch produzierte A320neo mit der Baunummer 8031 den erforderlichen Bodentests unterzogen und die Probeläufe der beiden Triebwerke absolviert, aber noch war das Flugzeug nicht in der Luft. Und bevor das geschieht, muss erst noch der „Rejected Take Off" (RTO) Aufschluss über das Verhalten des Flugzeugs und seiner Systeme geben. Mit dem RTO, dem erzwungenen Startabbruch, wird das Flugzeug gleich nach seiner Geburt gehörig gequält, vergleichbar dem Klaps auf dem Po bei einem Baby. Im Normalfall wird es diese Tortur während der folgenden Betriebszeit, in diesem Fall im Auftrag der Gesellschaft SAS, vermutlich nicht wieder erdulden müssen. Das Flugzeug wird auf der Piste von Finkenwerder auf 100 Knoten beschleunigt und dann, mit maximaler Bremsleistung, zum Stehen gebracht. Das gelingt ohne Beanstandung, und wieder einmal kann Thomas Heidemann einigermaßen beruhigt im Cockpit Platz nehmen und gemeinsam, von seinem Platz hinter dem Testpiloten und seinem Kollegen, den neuen Airbus in die Luft bringen.

Der Weg des Hamburgers bis zu seiner Doppelqualifikation, mit der er dem Unternehmen zur Verfügung steht, war indes einigermaßen ungewöhnlich. Denn die Heimat des inzwischen 55-Jährigen war zunächst das Meer und die präzise Naviga-

tion bei möglichst prächtigem Wellengang. Niemanden in der Hamburger Familie wunderte das. War nicht alles irgendwie Bestimmung? Erinnerung an den umtriebigen Großvater, der einst bei schwerer See mit dem Viermaster „Pamir" in den wilden Gewässern vor Kap Hoorn unterwegs war. Thomas Heidemann hatte in seiner Jugend keine Zweifel. „Die berufliche Zukunft auf den Weltmeeren war vorprogrammiert. Und ich weiß wirklich nicht mehr, warum ich von diesem Weg abgewichen bin! Immerhin könnte ich heute Admiral sein, wie einer meiner damaligen Kameraden." Gemeint ist Vize-Admiral Joachim Rühle, Heidemanns damaliger 2. Wachoffizier beim 2. Schnellbootgeschwader in Olpenitz bei Kappeln an der Schlei. Das hört sich nach Bedauern an, ist aber, wie sich im Gespräch herausstellt, nicht mehr als eine sachliche Randbemerkung. Denn bereut hat es Thomas Heidemann nicht, dass er vom vorgezeichneten Weg abgewichen ist.

Späte Lust am Fliegen

Kurswechsel zunächst in Richtung Festland, und dann schnurstracks vertikal nach oben ins dritte Element. Wobei technische Neugier, einige sonderbare Zufälle und vor allem die Neigung des jungen Mannes eine Rolle spielten, als ausgemachter Querdenker ganze Systeme und Abläufe in Frage zu stellen und damit gelegentlich Arbeitskollegen und Vorgesetzte zu verblüffen. Nach seinem Ausscheiden als Reserveoffizier begann er mit dem Studium der Elektrotechnik. Während seines Praktikums bei MBB in Finkenwerder, wie Airbus damals noch hieß, registrierte sein damaliger Abteilungsleiter eine gewisse

Fertig zur Auslieferung an die Kunden. Die sogenannten Standardrumpf-Flugzeuge von Airbus, von denen inzwischen mehr als 8.000 produziert und in aller Welt im Einsatz sind, werden von Thomas Heidemann und seinen Kollegen während der Erstflüge in allen Fluglagen getestet. Danach haben die Testpiloten noch die Abnahmeflüge mit Vertretern der jeweiligen Airlines im Cockpit und der Kabine zu bewältigen.

AIRBUS-TESTPILOTEN

Im Gegensatz zu den Anfängen der Fliegerei und den Pionieren der ersten Jahrzehnte der Verkehrsluftfahrt sind heute die Risiken für die Testpiloten überschaubar. Die Konstruktionen und Produktionsprozesse sind auch bei Prototypen so weit optimiert, dass kritische Ereignisse und problematische Überraschungen kaum zu erwarten sind. Dennoch tragen die Männer in den Cockpits Verantwortung, nicht nur bei den Jungfernflügen, die in jedem Fall höchste Konzentration erfordern. Und bei den Erstflügen der Flugzeuge aus der laufenden Serienproduktion sind sie es, die nachweisen müssen, dass dem jeweiligen Kunden in den Tagen darauf ein perfektes Produkt übergeben werden kann.
Neben Thomas Heidemann sind bei Airbus in Hamburg-Finkenwerder zehn Testpiloten und zehn Flugtestingenieure im Einsatz, davon zwei in Doppelfunktion, die gemeinsam pro Jahr in 770 Blockstunden etwa 1.700 Flugstunden auf Test- und Abnahmeflügen absolvieren. Zu den Teams gehören zusätzlich 15 Ground Test Engineers.

Unterforderung des Praktikanten, der dort im Bereich Kabinensysteme tätig war, und schickte den gelernten Elektrotechniker in die entwicklungsbegleitende Konstruktion. Kurz nach Abschluss der Diplomarbeit bekam er dann seinen ersten Job als Ingenieur in der Systemabteilung für Avionik und Cockpitsysteme, die ihn wenig später nach Toulouse schickte, wo gerade der Erstflug des Vierstrahlers A340 bevorstand. Thomas Heidemann begleitete das Programm und hatte einen nicht unwesentlichen Anteil an der Optimierung des digitalen Flugdaten-Rekorders (DFDR) und des ACMS, des Aircraft Conditioning Monitoring Systems, das u.a. die Früherkennung von Problemen an den Triebwerken online während des Fluges ermöglicht. Er führte in Toulouse die entsprechenden Zulassungstests durch. Das Langzeitüberwachungssystem begann sich damals alsbald positiv auf die Planung der Wartungsintervalle auszuwirken. „Da hatte ich also eine Aufgabe gefunden“, sagt Thomas Heidemann, „die mich interessierte und ausfüllte. Die störungsfreie Funktion und Kontrolle der Technik war mir wichtig, eine Affinität zum Fliegen hatte ich noch immer nicht.“

Erst durch seine Bekanntschaft und spätere Freundschaft mit dem legendären Jürgen Hammer, der als Flugtestingenieur den Absturz des ersten deutschen Passagierjets VFW 614 bei Bremen knapp überlebt hatte, dämmerte es dem damals 28-Jährigen, dass es doch reizvoll sein könnte, die Funktion der Systeme in der Luft zu erleben. „Flugversuchsingenieur ist genau das Richtige für dich“, befand Jürgen Hammer nach vielen gemeinsamen Abenden in Toulouse.

Heidemann ging als Lehrer an die Flugtechnische Schule nach Hamburg, machte

sich parallel und privat in der damaligen HFB-Motorfluggruppe am Flughafen Finkenwerder auf eigene Kosten mit den kleinen Hüpfern wie Cessna und Piper vertraut, erwarb die Privatpilotenlizenz (PPL) und betätigte sich anschließend als Flugbetriebsleiter der Motorfluggruppe. Inzwischen empfand er die Fliegerei längst als „private Leidenschaft mit beruflicher Perspektive“. Mit seinem deutschen Vertrag begleitete er bei Airbus Industries ab 1999 die Übergabe der Flugzeuge an die Kunden und war zuständig für die Bodentests aller Airbustypen. Und weil er sich so schön ans Lernen und Trainieren gewöhnt hatte, war es ihm ein Vergnügen, im anschließenden Urlaub auf eigene Kosten noch die Prüfung für die

Verkehrspilotenlizenz (ATPL) abzulegen. 2003 nahm er dann endlich die noch ausstehende Krönung seiner Karriere in Angriff, für die er nach Jürgen Hammers Überzeugung längst prädestiniert war wie kaum ein anderer: die Ausbildung zum Flugversuchsingenieur (Flight Test Engineer) in Toulouse mit einer denkwürdigen Abschlussprüfung in der Testpilotenschule Istres bei Marseilles. „Ich hatte die Prüfung in Englisch beantragt, erfuhr dann aber kurzfristig, dass ich sie doch in Französisch ablegen musste. Und der Flugzeugtyp für die praktische Prüfung ist mir auch erst am Vorabend mitgeteilt worden. Ich habe dann die ganze Nacht Handbücher gewälzt und Blut und Wasser geschwitzt.“ Alles ging glatt. Seit 2004 ist Thomas Heidemann im Besitz einer in Istres ausgestellten Lizenz als Flugtestingenieur, die seitdem jedes Jahr nach Vorlage des fliegerärztlichen Gesundheitszeugnisses (Medical) und dem Nachweis der erforderlichen Flugstunden verlängert wird.

Wechselnde Aufgaben im Cockpit

Damit hatte er das Rüstzeug, das den nächsten Schritt begünstigte. Da die theoretische Ausbildung eines Testpiloten nahezu identisch ist mit der eines Flugversuchsingenieurs, war für Thomas Heidemann keine aufwendige zusätzliche Ausbildung zum Testpiloten mehr erforderlich. Die

Ende Februar 2018 hat Qatar Airways als Erstkunde den Liniendienst mit dem neuen Airbus A350-1000 aufgenommen. Ein Jahr zuvor war es Thomas Heidemann, der einen der damaligen Prototypen getestet hatte. Das Bild zeigt das Flugzeug bei der Landung in Finkenwerder nach einem achtstündigen Entwicklungsflug bis zum Schwarzen Meer und zurück, bei dem vor allem die Funktion der Klimaanlage getestet wurde.

Zunächst war Thomas Heidemann entschlossen, sein Berufsleben auf den Weltmeeren zu verbringen. Doch dann entschied er sich für die Luftfahrt und machte stattdessen den Segelsport zu seinem bevorzugten Hobby.

praktische Erfahrung gewann er mit Unterstützung der „alten Hasen" im Geschäft wie vor allem dem damaligen Chefpiloten in Hamburg, dem Experimental-Testpiloten Eckhard Hauser. Heidemanns offizielle Berufsbezeichnung lautete alsbald: Flight Test Engineer Pilot, ausgestattet also mit zwei Lizenzen.
In normalen Jahren erreicht er mehr als 100 Stunden als Testpilot und etwa 200 Stunden als Flugversuchsingenieur. Beide Aufgaben gleichzeitig könnte er zwar bewältigen, darf es aber grundsätzlich nicht, da eine Cockpit-Testcrew immer aus Kapitän, Kopilot und Flugversuchsingenieur bestehen muss. „Für mich ist es spannend und abwechslungsreich, dass ich heute in der einen und am Tag darauf in der anderen Funktion im Cockpit zu tun habe."

Neben Thomas Heidemann, der seit 2007 von Frankreich nach Hamburg für die Bewältigung der Erstflüge abgestellt ist und seit langem neben der deutschen auch die französische Staatsangehörigkeit hat, gibt es bei Airbus in Hamburg nur noch einen weiteren Piloten mit dieser doppelten Qualifikation, in Toulouse sind es vier.

Erstflug A320neo

„Manchmal, aber zum Glück selten, bin ich auch als Industrieschauspieler gefragt", verrät Thomas Heidemann mit leicht ironischem Unterton, „wenn der Kunde Argumente findet oder konstruiert, um das Flugzeug zu dem geplanten Termin nicht abnehmen zu müssen." Das kann logistische und finanzielle Gründe haben, wenn die Gesellschaft das Flugzeug vielleicht erst in zwei oder drei Wochen braucht und deshalb, Zinsen sparend, die Überweisung des Kaufpreises hinausschieben will. Heute aber ist beim Erstflug alles easy, denn der Kunde möchte die brandneue A320neo bereits in der nächsten Woche übernehmen und in die SAS-Flotte integrieren. Heidemann hat wieder einmal, auf der Grundlage des „Production Aircraft Manual" (PATM), das bevorstehende gut dreistündige Flugprogramm ausgearbeitet. Es sind Vorgaben, nach denen alle Flugzeuge getestet werden müssen, um die Verkehrszulassung und die entsprechende Freigabe der Luftfahrtbehörden für den Linieneinsatz zu bekommen.

Startbahn 23 von Finkenwerder, Schubhebel auf TOGA mit maximalem Schub, Steigflug mit 250 Knoten in Richtung Testgebiet Helgoland. Thomas Heidemann steuert das Flugzeug zwar heute nicht aktiv, seine Rolle gleicht der eines Dirigenten. Er entscheidet, welches Manöver in welchem Geschwindigkeitsbereich geflogen wird. Ab 11.000 Fuß beginnen die „Flight Control Checks". Es wird ungemütlich. Einigen „normalen" Airline-Piloten und vor allem den meisten Passagieren würden jetzt die Haare zu Berge stehen. Kunstflug mit einer Passagiermaschine, 67 Grad Schräglage nach links und rechts im flotten Wechsel, dann plus 30 Grad Steigflug, anschließend minus 15 Grad Sinkflug (Pitchbegrenzung). Die Belastung für Flugzeug und Cockpitcrew inkl. Flugtestingenieur Heidemann schwankt zwischen 2,0 und 0,5 g. Pauschal kann gesagt werden, dass während eines Testfluges jede Minute mit speziellen Aufgaben ausgefüllt ist: Ermittlung anormaler Geräusche und loser Stecker oder Anbauteile bei extremen Fluglagen, Überprüfung der Klimaanlage, der Navigation, der Radiokommunikation, des Datenaustauschs. Dann hinauf auf Flugfläche 310 zum Testen der Höhen-und Geschwindigkeitsmessanlagen, der Trimmung des Seitenruders. Die komplette Struktur von Kabine und Cockpit wird geprüft, der Kabinendruck wird herunter gefahren bis zum automatischen Auslösen der Sauerstoffmasken. Zum Testprogramm gehört auch das kurzfristige Überschreiten der Maximalgeschwindigkeit des normalen Betriebsbereichs, für die der Airbus ausgelegt ist, also in diesem Fall Beschleunigung auf 82,6 Prozent der Schallgeschwindigkeit. Mit diesem Manöver wird die Alarmfunktion des Flugzeugs überprüft. Nach zusätzlichen Tests bis hinauf auf Flugfläche 390 geht es mehrere Stockwerke nach unten. Über unbewohntem Gebiet wird das Verhalten des Flugzeugs bei Minimalgeschwindigkeit in Höhen zwischen 14.000 und 10.000 Fuß überprüft, bei voll ausgefahrenen Landeklappen und Fahrwerk sind das gerade mal 104 Knoten.

Nach 3,25 Stunden Blockzeit, gemessen vom Losrollen bis zum Abstellen der Triebwerke am Gate, ist die Aufgabe für Thomas Heidemann wieder einmal ohne Zwischenfälle und mit dem erwarteten Ergebnis erfüllt. „Gut 100 unterschiedliche Testsequenzen mit jeweils mehreren Unterpunkten sind abgearbeitet worden, das Flugzeug hat also einen kompletten Systemcheck durchlaufen und ist in bester Verfassung“, befindet Thomas Heidemann, der diesmal dem Testpiloten die jeweils erforderliche Flugkonfiguration angesagt, überwacht und bestätigt und den Testbericht im Cockpit verfasst hat. Bereits morgen wird er in dessen Rolle schlüpfen und den Anweisungen eines Kollegen folgen, dem dann die Aufgabe des Flight Test Engineers, des Flugversuchsingenieurs, zufällt.

Bei der damaligen HFB-Motorfluggruppe erwarb Thomas Heidemann zunächst seine Privatpilotenlizenz (PPL) und kurvt in seiner Freizeit noch heute gern mit Piper oder Cessna im Luftraum rund um Hamburg oder anderswo, um das ursprüngliche Fliegen ohne Computerunterstützung nicht zu verlernen.

Fragen an Jürgen Raps, Honorarprofessor Hochschule Bremen

„Die Berufsaussichten sind GUT"

Jürgen Raps ist Honorarprofessor an der Hochschule Bremen im Master-Studiengang „Aeronautical Management" und der Präsident zur Vertretung von Industrie und Luftfahrt innerhalb der Aviation Initiative for Renewable Energy in Germany (Aireg). 41 Jahre lang war der gebürtige Bayreuther bei der Deutschen Lufthansa beschäftigt – als 1. Offizier, Trainings- und Ausbildungskapitän, Flottenchef, Leiter der Verkehrsfliegerschule Bremen, Flugbetriebsleiter, Chefpilot und Mitglied des Passage-Vorstands.
2011 schied er im Alter von 60 Jahren aus dem aktiven fliegerischen Dienst und dem Management aus. Nicht weniger als 15 Millionen Flugkilometer und mehr als 19.000 Flugstunden hatte Raps zu diesem Zeitpunkt angesammelt.

International ist der Ruf nach zusätzlichen Flugzeugführern groß. Pilotennachwuchs wird momentan geradezu händeringend gesucht ...

Nun, dieser Mangel war zu erwarten, zumindest für jene, die aufmerksam die Prognosen von Boeing und Airbus, der IATA und der ICAO oder diverser anderer unabhängiger Institute verfolgt haben. Schon 2010/2011 wurde nachdrücklich darauf hingewiesen, dass angesichts des weltweit zu erwartenden Wachstums ohne entsprechende Gegensteuerung früher oder später Bedarfslücken entstehen werden.

Wie hätte man dieser Entwicklung gegensteuern können?

Die Fluggesellschaften hätten antizyklisch ausbilden müssen. Selbst in wirtschaftlich eher flauen Jahren. Doch das fiel den Airlines schwer. Heute müssen sie sich strecken, um mit dem Pilotenmangel klarzukommen.

Wenn es aktuell nicht ausreichend Bewerber gibt: Müssten nicht die sehr hohen Ansprüche an die Interessenten, für die allen voran der Lufthansa-Konzern bekannt ist, heruntergeschraubt, bei den Mindestanforderungen Zugeständnisse gemacht werden, um künftig noch genügend Schüler ausbilden zu können?

Auf gar keinen Fall. Gerade der Lufthansa-Konzern konnte trotz hoher Einstiegskriterien immer seinen Bedarf decken. Air France, KLM oder British Airways haben dieselben hohen Mindestanforderungen. Und zwar zu Recht. Es wird ins Auge gehen, die Standards nach unten zu korrigieren. Dank der vielen Jahre Erfahrung mit der Ab-initio-Ausbildung weiß ich, dass eine gute Eingangsprüfung Garant dafür ist, dass die Ausfallquote während der Ausbildung gegen Null tendiert und auch später, im Cockpit, die Karriere gewährleistet ist.

Aber an welchen Stellschrauben können die Fluggesellschaften dann drehen?

Sie können nur die Rahmenbedingungen, die den Beruf wieder begehrenswert machen, verändern. Am einfachsten wäre es natürlich, die Gehälter nach oben zu setzen. Doch heute spielen so viele andere Faktoren bei der Berufswahl eine Rolle – kleinere und größere Benefits. Firmenunterstützung beim Autokauf beispielsweise oder flexiblere Arbeitszeitenregelungen. Die Vereinbarkeit von Beruf und Familie hat hohe Priorität. Die sogenannte Work-Life-Balance ist nicht zu unterschätzen. Der Pilotenberuf ist ein Spiegelbild der Gesellschaft.

Wie sehr hat sich Ihrer Meinung nach das Berufsbild des Piloten beziehungsweise der Pilotin in den vergangenen Jahren verändert?

Der Beruf ist nach wie vor faszinierend, doch er hat sich nicht nur in technischer Hinsicht verändert, was ja natürlich ist, denn die Flugzeugtechnik entwickelt sich weiter. Er ist heute herausfordernder, komplexer geworden. Die Piloten von heute haben zwar jede Menge Hilfsmittel, Flight-Management- oder Fly-by-Wire-Systeme, doch sie müssen mehr denn je in der Lage sein, durch diese Systeme hindurchzuschauen, um sie richtig interpretieren zu können. Es ist ein Unterschied, ob man ein hochkomplexes Fly-by-Wire-Flugzeug von heute fliegt oder eine Boeing 737-100, auf der ich beispielsweise seinerzeit im Liniendienst angefangen habe. In ihr wurde noch nahezu alles manuell, allenfalls mit Hydraulikunterstützung, gesteuert. Dazu kommt das Managen der ökonomischen, ökologischen und politischen Rahmenbedingungen, denen man unterworfen ist. Kerosinsparende Flugrouten, Slotproblematik, Nachtflugverbote oder Anflugverfahren und -wege: Piloten müssen sich heute um so viel mehr kümmern als noch vor Jahrzehnten. Nach wie vor unverändert ist jedoch ein ganz wesentlicher Punkt: Piloten müssen nach wie vor fliegerisches Gefühl entwickeln und wie vor 50, 60 Jahren mit dem Hosenboden fliegen können.

Laut einer aktuellen Umfrage unter jungen Menschen ist der Pilotenberuf vor allem deshalb attraktiv, weil man die Welt bereisen kann und ein hohes Gehalt bekommt. Nur 13 Prozent geben die „Freude am Fliegen“ und gerade einmal zwei Prozent das „Interesse an Technik“ an. Überrascht Sie das?

Dieses Ergebnis ist vielleicht der Tatsache geschuldet, dass sich in den Köpfen mehr und mehr die Vorstellung festgesetzt hat, dass die Flugzeuge in erster Linie vom Computer gesteuert werden, was de facto natürlich nicht der Fall ist. Dass die Begeisterung fürs Fliegen nicht an oberster Stelle steht, schien in früheren Jahrzehnten undenkbar. Doch die Gesellschaft verändert sich eben.

Würde es auch schon helfen, mehr junge Menschen anzulocken, wenn zum Beispiel der Lufthansa-Konzern die Ausbildung zeitlich verkürzt beziehungsweise die wirklich hohen Ausbildungskosten nach unten schraubt?

Da sehe ich kaum Möglichkeiten. Der zeitliche Rahmen kann meiner Meinung nach keinesfalls verkürzt werden. Die knapp zweijährige Ausbildung zum Verkehrsflugzeugführer ist schon jetzt dermaßen konzentriert, dass relativ wenig Urlaub, wenig Freizeit vorgesehen ist. Und wo soll gespart werden? Die Kosten für eine Ab-initio-Schulung bei der Lufthansa-Verkehrsfliegerschule sind vergleichbar mit den Kosten der auf dieselbe Qualität setzenden Wettbewerber in Fernost oder in den USA. Ein großer Kostenfaktor ist der praktische Unterricht. Es müssen aber vernünftige Schulflugzeuge eingesetzt werden – auch wenn in der Zwischenzeit die praktischen Flugstunden sinnvollerweise zugunsten der Simulatorstunden zurückgefahren wurden.

Sehen Sie es als Mitinitiator des 2006 aus der Taufe gehobenen Studiums für Verkehrsflugzeugführer an der Hochschule Bremen nach wie vor als sinnvoll an, sich als Pilot auf zwei berufliche Standbeine zu stellen?

Damals hatten wir auf den Markt und auf unsere Flugschüler gehört, die den Wunsch eines begleitenden Studiengangs an uns herangetragen haben – um gewappnet zu sein, wenn die Luftfahrt mal wieder eine Flaute zu verdauen hat. Die aktuellen Bremer Studiengänge Luftfahrtsystemtechnik und -management für Verkehrsflugzeugführerinnen und Verkehrsflugzeugführer werden nach acht Semestern mit einem Bachelor abgeschlossen. Außerdem steht der zweisemestrige Masterstudiengang Aeronautical Management im Angebot. Und dass dieses Programm für den Arbeitsmarkt attraktiv ist, beweist nicht nur die Tatsache, dass es inzwischen ähnliche Angebote, beispielsweise in Worms, gibt, sondern auch das Interesse bei den Studenten. In meinen Augen ist es sinnvoll, die Flugzeugführerausbildung mit einem Studium zu verknüpfen, denn erst dann liegt ein akademischer Berufsabschluss vor. Piloten erhalten ja streng genommen nur eine Lizenz. Für den Fall der Fälle – beispielsweise bei Flugunfähigkeit, die ich natürlich niemandem wünsche, die aber quasi über Nacht eintreten kann – haben die Piloten dann noch ein zweites Standbein, können auf eine andere Einkommensmöglichkeit zurückgreifen. Und nicht wenige Flugschüler möchten über diese Schiene den Weg in Managementpositionen bei Airlines oder Herstellern gehen.

Drohnen sind im Kommen, der Weg zum unbemannten Cockpit auch im zivilen Luftverkehr scheint nicht weit. Müssen wir uns Sorgen um den Beruf des Piloten machen?

Nein, ganz bestimmt nicht. Führerlose Cockpits wurden schon vor 20 Jahren oder mehr diskutiert. Bislang gottseidank folgenlos. Technisch ist natürlich vieles möglich. Dennoch ist es ein Unterschied, ob irgendwo eine Drohne verloren geht oder ein Frachtflieger mit wertvollen Gütern, geschweige denn ein Passagierflugzeug mit Fluggästen an Bord. Ein Mensch im Cockpit wird in komplexen Ad-hoc-Situationen immer die besseren, weil situativeren und vernünftigeren Entscheidungen treffen als ein Pilot am Boden, der das Flugzeug von dort aus ja auch steuern muss. So oder so sind Flugzeugführer im Spiel. Aber es ist ein gewaltiger Unterschied, ob ich mich in zweidimensionaler oder dreidimensionaler Umgebung befinde. Eine Kosten-Nutzen-Rechnung wird vermutlich für den Status quo sprechen. Und außerdem stellt sich die Frage: Wird jemals ein Passagier akzeptieren, sich in ein Flugzeug ohne Piloten zu setzen?

Wie stehen für junge Menschen, die jetzt in die Ausbildung starten möchten, die Berufschancen?

Ich denke, dass die Aussichten nachhaltig gut sind. Nicht nur bei den großen Airlines, die derzeit en gros einstellen. Was mir noch ein Dorn im Auge ist, sind die Praktiken mancher kleinerer Airlines, Nachwuchskräften für das Sammeln von Erfahrung, also Flugstunden, oder das Aufrechterhalten des Type Ratings Geld abzuknöpfen, sprich: das Pay-to-Fly-Modell. Da bin ich voll aufseiten der Vereinigung Cockpit (VC), die seit Jahren fordert, dass dieser Praxis gesetzlich ein Riegel vorgeschoben wird. Doch wenn wir diese schwarzen Schafe einmal außer Acht lassen, gibt es für Piloten auch langfristig genügend Alternativen, sich ihren beruflichen Lebenstraum zu erfüllen.

Was ist in Ihren Augen der effizienteste Weg ins Cockpit?

Die Ab-initio-Ausbildung bei einer großen Airline ist der schnellste, weil komprimierteste Weg. Auch wenn die Zahl der angenommenen Schüler nicht allzu groß ist, würde ich jedem Interessenten raten, zu versuchen, bei einem entsprechenden Anbieter unterzukommen.

Was spricht für oder auch gegen eine Ausbildung in den Vereinigten Staaten?

Gar nichts. Dort gibt es hervorragende Flugschulen. Allerdings: Dann erhält man automatisch eine US-amerikanische FAA-Lizenz, die man in Europa, wenn man dort arbeiten möchte, umschreiben lassen muss in eine EASA-Lizenz. Und dafür wird man unter Umständen einen kleinen oder auch größeren Teil der Prüfungen wiederholen müssen.

Unter der Marke European Flight Academy sind seit Januar 2017 sämtliche Flugschulen der Lufthansa-Gruppe vereint. Damit bündeln die bisherigen Trainingszentren von Lufthansa Flight Training, Swiss Aviation Training, Pilot Training Network, der Verkehrsfliegerschule Bremen und dem Airline Training Center Arizona ihre Kräfte.

Fragen an Joe Moser, Geschäftsführer AeroLogic

Fliegen ist Handwerk

Joe Moser flog am Anfang seiner Karriere Geschäftsreiseflugzeuge wie Learjet, heuerte danach bei der LTU an und flog u. a. die Lockheed L-1011 TriStar. Früh reizten ihn Führungspositionen wie die Leitung der Navigationsabteilung bei LTU und die Aufgabe des Flugbetriebsleiters. Nach 25 Jahren LTU war Moser ab 2008 federführend am Aufbau der Frachtairline AeroLogic beteiligt, leitete auch hier den Flugbetrieb und flog die Boeing 777F. Noch vor Ende seiner aktiven Karriere als Flugkapitän übernahm er im Frühjahr 2018, nach 32.000 Flugstunden, als Geschäftsführer das Management von AeroLogic, die weltweit mit zehn Boeing 777F im Einsatz ist.

Ohne Ausnahme sind die in diesem Buch portraitierten Pilotinnen und Piloten mit ihrem Beruf zufrieden und würden, wenn sie noch einmal am Anfang ihres Arbeitslebens stünden, erneut den Weg ins Cockpit eines Flugzeugs anstreben. Andererseits wird in Kommentaren zunehmend über schlechte Berufschancen, strapaziöse Arbeitsbedingungen und dürftige Bezahlung geklagt. Hat der einstige „Traumberuf" seinen Glanz eingebüßt, oder wäre das nach Ihrer Einschätzung eher „Jammern auf hohem Niveau"?

Das muss man differenziert sehen, und ein kleines Fragezeichen hinter dieser Aussage wäre heute sicherlich angebracht. Damals, als ich mich für diesen Beruf zu interessieren begann, waren Piloten sehr angesehen in der Öffentlichkeit. Es war die Zeit des weitgehend manuellen Fliegens mit analoger Instrumentierung im Cockpit. An Flight-Management-Systeme, die dem Flugzeugführer einen großen Teil der Arbeit abnehmen, war noch nicht zu denken. Fliegen war exklusiv und entsprechend teuer für die Passagiere, von denen übrigens keiner gefragt hat, warum ein Pilot mehr verdient als ein beamteter Staatssekretär. Der „kleine Gott" da vorn im Cockpit flog das Flugzeug von A nach B, und nach der Landung klatschten alle in der Kabine begeistert. Damals allerdings wurde der Pilot von der Gesellschaft, für die er flog, noch nicht als Kostenfaktor identifiziert, an dem man sparen könnte und sollte.

Interessenvertretungen wie die deutsche Pilotenvereinigung Cockpit reagieren auf negative Veränderungen mit Kampagnen. Haben Institutionen wie die VC dazu beigetragen, den Pilotenberuf mit Streiks und überzogenen Forderungen in Misskredit zu bringen?

Nein. Verantwortlich für das rückläufige Niveau des Berufsbildes sind Unternehmer und Gesellschaften, die jeder kennt und die ich deshalb nicht beim Namen nennen will und muss. Früher flog der Pilot von Düsseldorf nach Palma, vertrat sich am Zielort ausgiebig die Beine, steuerte das Flugzeug nach Düsseldorf zurück und konnte abends mit seiner Frau ins Theater gehen. Und wie läuft das heute? Von „Faszination Fliegen" kann, vor allem auf Kurz- und Mittelstrecken, keine Rede mehr sein. Dafür sorgt schon die preisdrückende Wirklichkeit der Low-Cost-Carrier. Drei Flüge pro Tag von Zentraleuropa ans Mittelmeer und zurück sind inzwischen Normalität, gelegentlich werden aufgrund extrem verkürzter Abfertigungszeiten an den Destinationen (Turnarounds) bis zu acht Legs (Einzelstrecken) am Tag geflogen. Und was machen viele Piloten, um wenigstens finanziell über die Runden zu kommen? Sie fliegen als Freelancer, als Legionäre, mal für diese, mal für jene Fluggesellschaft, die gerade Bedarf hat, nicht selten bei zwei oder drei verschiedenen im Wechsel.

Das hört sich so an, als sollte man den jungen Schulabsolventen dringend davon abraten, ein Berufsleben als Pilot anzustreben ...

Das meine ich nicht. Wer beruflich fliegen will, muss nur wissen, dass Low-Cost-Carrier, die das Kostenmodell auf die Spitze treiben, häufig nur eine begrenzte Perspektive bieten können, sowohl in finanzieller Hinsicht als auch in Bezug auf die Arbeitsbedingungen. Wenn sich im Augenblick keine Alternative anbietet, sollte der Einsatz bei solchen Gesellschaften auf einen möglichst kurzen Zeitraum begrenzt bleiben.

Der Berufsanfänger muss die ganze Welt im Focus haben und sollte sich darüber im Klaren sein, dass ohne höchste Flexibilität das Leben im Cockpit keinen nachhaltigen Erfolg verspricht. Er muss also bereit sein, seinen Lebensmittelpunkt, den wechselnden Marktgegebenheiten folgend, von Fall zu Fall zu verlegen, wohin auch immer: Nach Ostasien, Nord- oder Südamerika oder Australien. Es gibt unzählige nach wie vor renommierte Fluggesellschaften in der Welt. Der Luftverkehr gilt als sicherer Wachstumsmarkt. Allein in den kommenden zehn Jahren werden, wie errechnet wurde, 400.000 zusätzliche Piloten gebraucht.

Sollten sich zukünftige Piloten nicht dennoch nach einem zweiten Beruf umsehen?

Ich rate jedem Berufsanfänger dringend, sich um ein zweites Standbein zu bemühen. Immer mehr Fluggesellschaften ermöglichen es den jungen Flugschülern, neben der Ausbildung zum ATPL parallel ein Studium zu absolvieren oder zu beginnen, das dann während der ersten Berufsjahre als Second oder First Officer abgeschlossen werden kann.

Zu empfehlen wären da beispielsweise Aviation Management oder Luftfahrttechnik. Solche und vergleichbare Universitätsabschlüsse können bei Bewerbungen um attraktive Positionen in der Welt der Luftfahrt durchaus von Vorteil sein. Sollte eine Pilotenkarriere, etwa aus medizinischen Gründen, nicht fortgeführt werden können, ist ein zweiter Berufsabschluss die beste Absicherung.

Von Vorteil ist doch aber auch, dass der Pilot heute nicht mehr manuell fliegen muss. Seine Flight-Management-Systeme erlauben es ihm, das Fliegen in vollen Zügen zu genießen, Wolkenformationen und Landschaften auf sich wirken zu lassen und sich nach der Landung auf allerlei exotische Eindrücke zu konzentrieren, auf Horizonterweiterungen, für die der normale Weltreisende tief in die Tasche greifen müsste ...

Ich will den Beruf ja nicht madig machen. Es stimmt natürlich, dass kaum ein Pilot seine Entscheidung, sein Geld mit der Luftfahrt zu verdienen, bereut hat. So wie ich, werden es auch meine Nachfolger genießen, an einem trüben Novembertag die Wolkendecke zu durchstoßen und dann die gleißende Sonne im Cockpit zu erleben. Und natürlich ist die Zeit vorbei, als der Pilot noch jede Menge Zahlen im Kopf oder mit Rechenschiebern bewältigen musste. Die technische Bedienung eines Flugzeugs war kompliziert und erforderte oft noch einen Flugingenieur, die Wettervorhersagen waren nicht zuverlässig. In den vergangenen 30 Jahren hielten die Computer Einzug ins Cockpit. Es gab mehr und mehr Assistenzsysteme wie Autopiloten und sich selbst überwachende redundante Elektronik. Die Navigation wurde viel einfacher, und der Pilot mutierte zum Bediener und Überwacher von Computern. Heute fliegen wir nur noch die ersten und die letzten zehn Minuten mit der Hand. Den großen Rest leistet der

Autopilot, dessen fehlerfreie Funktion wir überwachen. Der Pilot eines Verkehrsflugzeugs hat aber inzwischen neue Aufgaben zu bewältigen. Er muss in kurzer Zeit eine zunehmende Anzahl abstrakter Informationen aufnehmen, bewerten und verarbeiten. Und er muss über den Flug hinaus planen, muss mitdenken, wenn etwa Verspätungen aufgeholt werden müssen, den Treibstoff und Ressourcen wirtschaftlich verwalten. Zu einem gewissen Teil stehen Piloten heute für ihr Unternehmen in Verantwortung als Manager einer Transportkette. Außerdem kann man nicht leugnen, dass in diesen Zeiten einer zunehmenden Verbreitung von Low-Cost-Carriern Piloten einen signifikanten Kostenfaktor darstellen, auch und gerade bei konventionellen Airlines. Deshalb haben sie es mit knapperen Gehältern und optimierten Dienstplänen zu tun.

Haben sich Piloten zu sehr an die Automatisierung im Cockpit gewöhnt und deshalb das Gefühl für manuelles Fliegen verloren?

Die Piloten werden heute nach ihrer Ausbildung auf mechanisch ausgelegten Kleinflugzeugen vom Handwerklichen wegtrainiert, hin zum Automatismus. Etwas überspitzt gesagt: Alles, was sie können, ist das Nachfliegen des Flight Directors. Nach dem Takeoff werden Fahrwerk und Klappen eingefahren, und dann übernimmt der Autopilot. Nach Stunden des „Geflogenwerdens“ machen sie im Endanflug auf Hongkong „klick-klick“, nehmen noch nicht mal den Autothrottle raus, setzen den Vogel auf die Piste, das war‘s. Da verkümmern die handwerklich-fliegerischen Fähigkeiten.

Wie bitte? Muss etwa an der grundsätzlichen Flugfähigkeit der Piloten gezweifelt werden?

Ich meine das ja nicht so, dass da vorn im Cockpit Leute sitzen, vor deren fliegerischen Defiziten sich die Passagiere fürchten müssten. Das Gegenteil ist der Fall. Solide Ausbildung, Erfahrung und regelmäßiges Training im Simulator sorgen für sichere Abläufe auch in kritischen Situationen – wie der Ausfall eines Triebwerks oder dramatische Wetterlagen. Die weltweite Unfallbilanz beweist es: Noch nie war Fliegen so sicher wie heute. Andererseits ist Fliegen ein Handwerk und sollte nach meiner Meinung ein Handwerk bleiben. Die automatisierte Routine der überaus zuverlässigen redundanten Flugsteuerungssysteme ist aber zugleich verantwortlich dafür, dass einigen Piloten das Gefühl für kritische Fluglagen und deren Beherrschung im Fall eines Totalausfalls der Flight-Management-Computer abhanden kommen könnte.

Sind Ihnen Fälle bekannt geworden, die Ihre These stützen?

Da haben Piloten beim „Go-Around“ kein Gas gegeben, weil der „Flight Level Change Mode“ aktiviert war und fühlten sich dann davon überrascht, dass die Strömung abriss. Deshalb sage ich meinen First Officers hin und wieder: „Mach‘ mal eine Landung per Hand, sie darf auch hart sein.“ Wir bei AeroLogic überlegen gerade, gemeinsam mit einem Partner eine oder zwei kleine Cessnas zu erwerben. Damit könnten wir unseren Pilotinnen und Piloten Gelegenheit geben, in ihrer Freizeit wieder ein paar Runden manuell zu fliegen. 20 bis 30 Stunden pro Jahr und Pilot auf Kleinflugzeugen wären meines Erachtens ausreichend, um das Gefühl fürs manuelle Fliegen nicht zu verlieren. Die Befähigung, ein Flugzeug auch nach Ausfall aller automatischen Systeme zu landen, hatte jedenfalls bis vor 20 oder 30 Jahren noch jeder Pilot einer Verkehrsmaschine. Damit das auch in Zukunft garantiert werden kann, bedarf es einiger Korrekturen beim Pilotentraining. Nicht nur wir bei AeroLogic, auch andere Gesellschaften wie Emirates oder Air France begegnen den Defiziten und lassen ihre Piloten im Simulator regelmäßig Anflüge und Platzrunden per Hand steuern.

Können Sie heute jungen Schulabsolventen guten Gewissens empfehlen, die Ausbildung zum Berufspiloten anzustreben?

Unbedingt! Der Beruf ist und bleibt eine spannende Herausforderung, vom Beginn der Ausbildung bis zum letzten Flug im Pensionsalter. Natürlich sind die Gehälter nicht mehr so üppig wie früher. Durchschnittlich

Das wechselnde Panorama aus der Cockpitperspektive fasziniert auch heute noch viele Piloten.

kann ein Berufsanfänger als Second Officer mit 45.000 Euro pro Jahr rechnen, nach knapp zwei Jahren verdient er als First Officer 50.000 bis 52.000 Euro, im Normalfall drei Jahre darauf als Senior First Officer zwischen 65.000 und 75.000 Euro. Und jeder, der qualifiziert ist und es will, kann als Kapitän mit Jahresgehältern zwischen 115.000 und 180.000 Euro rechnen.

Das sind immer noch Gehälter, von denen die meisten höheren Angestellten am Boden nur träumen können!

Wer als Pilot klagt, der jammert auf hohem Niveau! Übrigens ist jeder, der bei AeroLogic in Pension geht, grundsätzlich seit Jahren Kapitän. Außerdem werden weltweit immer mehr Piloten gesucht. Bei einigen Airlines, beispielsweise in den USA, stehen Flugzeuge herum, weil Piloten fehlen. Um unnötigen Stress zu vermeiden, rate ich übrigens den Cockpitcrews, eine Wohnung in unmittelbarer Nähe der jeweiligen Basis zu beziehen. Wenn man sich also zeitraubendes Pendeln zwischen Wohnung und Arbeitsplatz erspart, kommen Freizeitgestaltung und Erholung nicht zu kurz.

Wer überhaupt ist grundsätzlich geeignet für den Pilotenberuf?

Was wir bei AeroLogic suchen und gefunden haben, sind solide Handwerker mit Bodenhaftung. Wir brauchen für diesen Beruf, was übrigens von den meisten Airlines in aller Welt ähnlich gesehen wird, keine Überflieger, vor allem keine Alphatiere. Zu den wichtigsten Voraussetzungen zählen Teamfähigkeit, Flexibilität und die Bereitschaft, ein Leben lang dazuzulernen.

Wie wählen Sie aus, wie wird ausgebildet?

Bei der Rekrutierung verfahren wir zweigleisig. Einerseits übernehmen wir bereits ausgebildete Piloten mit mindestens 1.500 Flugstunden Erfahrung, vorzugsweise auf Boeing 737NG, weil das Cockpit dem unserer Boeing 777F ähnelt. Nach psychologischen und psychomotorischen Tests sowie Überprüfung im Simulator entscheiden wir uns dann durchschnittlich für zwei bis drei von insgesamt zehn Kandidaten, die jeweils an unserem Screening teilnehmen. Unser erfolgreicher zweiter Weg ist das Second-Officer-Program, das wir gemeinsam mit der Flugschule TFC Käufer in Essen entwickelt haben.

Die Flugschüler absolvieren dort ihre Ausbildung zum CPL und ATPL auf Kleinflugzeugen wie Aquila A210, Piper PA-28 und PA-44 inklusive Simulatorausbildung auf A320 und Boeing 737.

Die Kosten für diese Basisausbildung liegen inzwischen bei etwa 70.000 Euro. Zugleich werden die Kandidaten früh an uns gebunden und fliegen gelegentlich bei AeroLogic in Kadettenuniform mit im Cockpit. Nach den jeweiligen Prüfungen kommen sie als Second Officer zu uns und werden im Simulator und im regulären weltweiten Einsatz zum First Officer mit Musterberechtigung für die Boeing 777F ausgebildet. Die meisten von ihnen identifizieren sich zu diesem Zeitpunkt längst mit ihrer Airline, fühlen sich als Teil einer großen Familie. Und das ist genau das, was wir uns wünschen.

Der Weg ins Cockpit (Quelle: Vereinigung Cockpit)

➔ Grundsätzliche Voraussetzungen

- Schulabschluss: Es gibt derzeit keine gesetzlichen Mindestanforderungen, viele Fluggesellschaften verlangen jedoch die Allgemeine, seltener auch die Fachgebundene Hochschulreife

- Fremdsprachenkenntnisse sind immer hilfreich, unabdingbar sind jedoch fließende Deutsch- und Englischkenntnisse, und zwar schriftlich und mündlich (ICAO Level 4, analog zu B2)

- Mindestalter: Die Bewerber müssen mindestens 18 Jahre (bei Lizenzerwerb) für den CPL(IR) und/oder MPL sein

- medizinische Tauglichkeit Klasse I

- ebenfalls nicht gesetzlich vorgeschrieben, aber in der Regel eine Grundvoraussetzung: ein uneingeschränkt gültiger Reisepass

- Zuverlässigkeitsüberprüfung (ZUP, §7 LuftSiG) – hier fließen Punktesammlungen in Flensburg, eventuelle Vorstrafen (insbesondere Alkohol- und Drogendelikte) und der generelle, auch familiäre Hintergrund mit ein

➔ Mitzubringen sind

Interesse an Physik, Mathematik und Technik (Mittelstufenkenntnisse) sollte vorhanden sein. Die Fähigkeit, breit gefächertes Wissen in großer Menge schnell aufzunehmen, ist unerlässlich.

Der gesunde Menschenverstand, der bei lösungsorientierter Entscheidungsfindung hilft, sollte gut ausgeprägt sein. Das Management von komplexen Systemen, Aufgaben und Checklisten wird häufig auf die Probe gestellt. Dabei sollte man sich selbst und den Teampartner gut überwachen und die Leistung und Leistungsfähigkeit einschätzen können.

Nicht zuletzt erfordert das manuelle Fliegen eine gute Auge-Hand-Koordination.

➔ Medizinische Voraussetzungen

Aufgrund der beruflichen Anforderungen müssen Piloten eine gute körperliche Verfassung und Gesundheit aufweisen. Aber es werden keine unmöglichen Limits gesetzt, beispielsweise dürfen auch Brillenträger unter bestimmten Voraussetzungen Verkehrspilot werden.

Die Vereinigung Cockpit rät Interessenten und Berufseinsteigern zur Erstuntersuchung bei einem AeroMedical Center (AeMC), um die Flugtauglichkeit abzuklären und um ein klares Bild über die persönliche Eignung zu bekommen.

Eine Liste der AeMCs findet sich auf der Homepage des Luftfahrt-Bundesamtes. (http://www.lba.de/)

➔ Persönliche Herausforderungen

Piloten werden in der Öffentlichkeit als Repräsentanten ihrer Fluggesellschaft wahrgenommen. Insofern legen die meisten Airlines wert auf ein gepflegtes Äußeres und eine souveräne Ausstrahlung. Sichtbare Piercings und Tattoos werden oft nicht hingenommen.

Die Arbeitsstruktur bringt es mit sich, dass man Kontakt mit vielen verschiedenen Menschen bekommt, mitunter trifft man Kollegen aus unterschiedlichen Kulturkreisen. Auch wechseln die Kollegen mit jedem Umlauf. Das ist nichts für menschenscheue Zeitgenossen.

Die einen Piloten ein Leben lang begleitenden Prüfungen bedingen eine gewisse Resistenz gegen den damit verbundenen Stress. Das Lernen hört nie auf, ebenso wenig die stete Beurteilung der Leistung. Kritikfähigkeit ist daher ein Muss! Flexibilität ist immer dann gefragt, wenn es um Dienstplanänderungen, Verspätungen oder Versetzung geht.

➔ Alternative Zusatzqualifikation

Es ist ratsam, einen Alternativplan zu haben. Der Luftfahrtmarkt ist starken Schwankungen unterworfen, und wenn die Ausbildung beendet ist undgerade wieder Flaute auf dem Arbeitsmarkt herrscht, ist es hilfreich, auf eine andere Einkommensmöglichkeit zurückgreifen zu können.

Auch wenn die medizinische Tauglichkeit verloren geht (was schon durch vergleichsweise geringfügige Verletzungen oder Krankheiten geschehen kann) oder der Arbeitgeber ausfällt (auch das ist in jüngerer Zeit vermehrt geschehen), sichert man dadurch seine Existenzgrundlage.

Es gibt einige integrierte Studiengänge, die zugleich mit der Pilotenausbildung auch einen akademischen Abschluss ermöglichen. Die zusätzliche Qualifikation durch ein Studium kann in wirtschaftlich schwierigen Zeiten ein zweites Standbein darstellen, eine bevorzugte Auswahl für Positionen im fliegerischen Management (als Technischer Pilot, Sicherheitspilot etc.) konnte bisher nicht beobachtet werden.

Die Fliegerei bietet auch im späteren beruflichen Leben vielfältige Möglichkeiten für zusätzliches Engagement.

➔ Der Weg zum Ziel

Ausbildungsinhalte sind:

- 750 Stunden Theorie. Sie enthalten: Luftrecht, Luftfahrzeugtechnik, Instrumente, Masse und Schwerpunkt, Flugleistung, Flugplanung, menschliches Leistungsvermögen, Meteorologie, Navigation, Betriebsverfahren, Aerodynamik, Sprechfunkverfahren
- Rund 240 Flugstunden mit den Schwerpunkten Sichtflug, Instrumentenflug, Ausbildung im Zweimann-Cockpit, Musterberechtigung

➔ Verschiedene Ausbildungsmodelle

1. Modular
- einzelne Pakete führen zum Erwerb des jeweiligen Berechtigungsscheines: (PPL(A), CPL, IR ... ATPL(A))
- günstigste Alternative
- dauert lange, hohe Selbstdisziplin
- selbst planbar, flexibel, auch Fernlehrgänge möglich

2. Ab-initio (Integrated)
- Komplettpaket, das direkt zum CPL (IR), ATPL theorie credited („frozen ATPL", Grundbedingung für den ATPL sind 1.500 Flugstunden Erfahrung) führt
- teuer, die Folgen von Finanzierungsmodellen sollten im Vorfeld gut geprüft und durchdacht werden
- schnellster Weg
- wird von der Schule organisiert, ist wie Schule aufgebaut, eine wahre Vollzeit-Beschäftigung

3. MPL (Multi-Crew Pilot Licence)
- nur in Verbindung mit einer Fluggesellschaft möglich, die die Ausbildungsinhalte verantwortet
- zum Teil durch die Fluggesellschaft vorfinanziert (in diesem Fall Rückzahlung der Kosten vom Gehalt)
- geringe Anzahl an Flugstunden im Flugzeug. Der Schwerpunkt der Ausbildung liegt auf dem Training im Simulator
- zunächst Bindung an die ausbildende Fluggesellschaft
- limitiert auf den Einsatz im Zweimann-Cockpit

➔ Ausbildungskosten

- 70.000 bis 100.000 Euro reine Schulungskosten, je nach Modell
- je nach Arbeitgeber fallen unter Umständen zusätzlich bis zu 35.000 Euro für den Erwerb einer Musterberechtigung (Type Rating) an
- Kosten für die medizinische Flugtauglichkeitsuntersuchung

➔ Späteres Gehalt

Gängige Gehaltsbestandteile sind Grundgehalt, flugstundenbasierte Bestandteile, Schichtzulagen oder Prämien. Generell kann ein Erster Offizier mit 1.500 bis 5.000 Euro brutto Monatsgehalt rechnen. Ein Kapitän erhält zwischen 3.000 und 10.000 Euro, wobei die Dauer bis zur Kapitänswerdung je nach Größe der Airline und Marktentwicklung zwischen drei und 20 Jahren beträgt. In der Regel wird bei der Einteilung zur Kapitänsschulung nach Betriebszugehörigkeit (Seniorität) vorgegangen. Die grundsätzliche Eignung zum Kapitän sollte schon vor der Einstellung getestet werden. Die Fluktuation ist wegen der Bindung an ein Unternehmen (MPL, Ausbildungsfinanzierung, Senioritätsprinzip, firmenspezifische Verfahren, nicht international anerkannte Lizenzen) sehr gering. Die variablen Gehaltsbestandteile rechnen sich in Deutschland nicht, wie in Managementkreisen üblich, in Vielfachen vom Monatsgehalt, sondern in Bruchteilen davon.

Airbus 57, 62/63, 80/81, 85, 86
Airbus/Christian Brinkmann 154/155
Archiv DP: 12, 22, 33, 36, 41
Archiv Wolfgang Möhring: 35
Bundesarchiv: 17
Gaby Gerster: 87
Thomas Heidemann 156, 157
Historisches Museum Hannover: 24
Gunter Hartung 108, 110
Luke Horward 51
Hugo Junkers Archiv: 23
Library of Congress: 30/31, 37, 38
Lufthansa 10/11, 13, 16, 18, 19, 20 oben, 21, 27, 36 links, 39, 40, 43, 109, 156, 159
Manfred Rusche 93 oben
SAS: 42 oben
Eckhard Selonke 93 unten
Swiss 64/65
Karin Thormählen 112/113
United Air Lines: 15, 21unten, 25, 29
VBS / Tokunaga Katsuhiko: 67
Doris Waskönig: 86
Whites Aviation Colletion, Alexander Turnbull Library: 28
Wikimedia Commons: 26
Wikimedia Commons/Fédération Aéronautique Internationale: 34
Wikimedia Commons/Teknisa Museet: 32

Enrique Arencibia Jiménez/AirTeamImages: Titelseite oben

Alle anderen Fotos: Dietmar Plath

Astrid Röben

Die Redakteurin des Luftfahrtmagazins Aero International hat das journalistische Handwerk von der Pike auf gelernt. Dabei hätte sie ihr Lehramtsstudium eigentlich direkt in ein Klassenzimmer führen sollen. Dem klassischen Volontariat bei einem kleinen lokalen Blättchen, für das sie bereits zu Studentenzeiten schrieb, folgte 1997 eine Anstellung als Lokalredakteurin. Seit 1998 arbeitet sie für Aero International. Sie betreut Airline- und Airportthemen. Darüber hinaus ist sie Mitautorin der im Geramond-Verlag erschienenen Bücher „Take off" (2007), „Das große Buch der Airlines" (2011) und „Bangkok Airways" (2012).

Gunter Hartung

Journalist. Nach einigen Jahren bei Tageszeitungen seit 1967 beim NDR. Bis 1980 Hörfunkreporter und Moderator, anschließend bis 2002 Fernsehredakteur. In Folge u. a. Leiter der Fachredaktion „Forschung und Technik", CvD und Moderator des NDR-Landesprogramms Niedersachsen. Frühe Spezialisierung auf Luftfahrt. Zahlreiche Features und Sondersendungen zum Thema aus aller Welt für NDR und ARD. Reportagen für die Reihe „Länder, Menschen, Abenteuer". Fachbuchautor, z. B. „Super Guppy", „Beluga", „Abenteuerliche Fliegergeschichten". Achtbändige Edition über Papua Neuguinea. Ehrenbürger von Sioux City, Iowa. Seit 1978 bis heute als Privatpilot (PPL) aktiv.

Dietmar Plath

Der 1954 geborene Otterstedter gehört weltweit zu den erfahrensten Fotografen zwischen Himmel und Erde. Mehr als 130 Länder auf allen Kontinenten besuchte Dietmar Plath, um interessante Flugzeuge in außergewöhnlichen und exotischen Farben und Bemalungen oder vor faszinierenden Landschaften festzuhalten und der Öffentlichkeit zu vermitteln. Neben vielen Kalendern demonstrieren zahlreiche Luftfahrtbücher und Bildbände sowie eindrucksvolle Fotoreportagen in Magazinen wie GEO, Stern, Time, Aero International, Flight International und Aviation Week sein vielseitiges Repertoire. Seit 2015 ist er Herausgeber von Aero International.

Verantwortlich: Lothar Reiserer
Layout: Lothar Reiserer
Satz: Dietmar Plath
Schlusskorrektur: Michael Dörflinger
Repro: Cromika
Herstellung: Anna Katavic
Cover: Ralph Hellberg unter Verwendung von Abbildungen
von Dietmar Plath und Enrique Arencibia Jiménez/AirTeamImages
Printed in Italy by Printer Trento

★★★★★

Sind Sie mit diesem Titel zufrieden? Dann würden wir uns über Ihre Weiterempfehlung freuen. Erzählen Sie es im Freundeskreis, berichten Sie Ihrem Buchhändler, oder bewerten Sie das Werk online. Und wenn Sie Kritik, Korrekturen oder Aktualisierungen haben, freuen wir uns über Ihre Nachricht an den GeraMond Verlag, Postfach 40 02 09, D-80702 München oder per E-Mail an lektorat@verlagshaus.de.

Unser komplettes Programm finden Sie unter www.geramond.de

Die Deutsche Nationalbibliothek verzeichnet diese Publikation in der Deutschen Nationalbibliografie, detaillierte bibliografische Daten sind im Internet über http://dnb.d-nb.de abrufbar.

1. Auflage

ISBN 978-3-95613-049-6